Lyubov Grigorenko

Qualidade da água potável da torneira e pré-tratada em zonas rurais

Lyubov Grigorenko

Qualidade da água potável da torneira e pré-tratada em zonas rurais

ScienciaScripts

Imprint

Cover image: www.ingimage.com

This book is a translation from the original published under ISBN 978-3-659-82326-8.

Publisher:
Sciencia Scripts
is a trademark of
Dodo Books Indian Ocean Ltd. and OmniScriptum S.R.L publishing group

120 High Road, East Finchley, London, N2 9ED, United Kingdom
Str. Armeneasca 28/1, office 1, Chisinau MD-2012, Republic of Moldova, Europe
Printed at: see last page
ISBN: 978-620-8-20042-8

Revisores:

Buryak L.I. - Doutor em Ciências Médicas, Professor do Departamento de Higiene e Ecologia "Academia Médica de Dnepropetrovsk do Ministério da Saúde da Ucrânia", Académico da Academia de Ciências da Ucrânia, diretor científico do laboratório N-VTC "Hygienist" e do laboratório de investigação N-VTC "Expertise". Autor de mais de 300 trabalhos científicos, incluindo 2 monografias, 5 invenções e 35 propostas.

Shevchenko I.N. - Candidato a Ciências Médicas, Professor Associado, Primeiro Vice-Reitor do "Instituto Médico de Medicina Tradicional e Não Tradicional de Dnepropetrovsk". Autor de mais de 150 trabalhos científicos.

CONTEÚDO.

ÍNDICE DE CONTEÚDOS

Relevância. A análise da situação atual na Ucrânia no domínio do abastecimento de água potável, da qualidade da água potável e do estado sanitário das fontes de abastecimento de água indica um perigo real do fator água para a saúde humana [1]. As tendências negativas no fornecimento à população de água potável de qualidade garantida têm vindo a acumular-se desde há muitas décadas e atualmente, em algumas regiões da Ucrânia, atingiram um estado crítico [2].

A região de Dnepropetrovsk é uma das maiores da Ucrânia em termos de contaminação das fontes de abastecimento de água. De acordo com os resultados de numerosos estudos, verificou-se que, numa série de zonas rurais da região de Dnepropetrovsk, a qualidade da água potável proveniente de massas de água de superfície não cumpre os requisitos sanitários em mais de 60% das amostras para indicadores físico-químicos e em mais de 10% das amostras para indicadores bacteriológicos [3].

No entanto, o problema da qualidade do abastecimento de água potável nas zonas rurais não é objeto da devida atenção por parte dos cientistas nacionais. A água potável proveniente de fontes descentralizadas de abastecimento de água na maior parte das zonas rurais da Ucrânia não cumpre os requisitos das normas de higiene em termos de composição mineral: dureza total, teor de sal, compostos de azoto, ferro, manganês, cujo teor é 2-10 vezes superior ao MPC. Mas os cientistas nem sempre associam este facto à poluição antropogénica das fontes de abastecimento de água, mas sim às peculiaridades naturais regionais das camadas intermédias do solo em que a água é formada [3].

Uma vez que a grande maioria da investigação científica se centra no estudo do estado higiénico do abastecimento de água à população urbana, especialmente nas regiões industriais da Ucrânia [4, 5],
6], a necessidade de tais estudos nas zonas rurais torna-se ainda mais premente. Neste sentido, a questão do estudo da composição química da água potável nas zonas rurais é atual.

Desde os tempos da antiga URSS, a Ucrânia tem mantido a prática de conceder autorizações temporárias para a utilização de água da torneira de qualidade não normalizada em termos de composição mineral. Cerca de 4,6 milhões de pessoas em 160 cidades e 100 aglomerados urbanos em 25 regiões da Ucrânia recebem água potável de fontes subterrâneas de abastecimento de água com desvios em relação aos requisitos normativos [7]. No entanto, no território de Dnepropetrovsk Oblast, com uma população total de 3,4 milhões de habitantes - o número de habitantes rurais é de 609365 habitantes - o estudo da composição química da água potável nas zonas rurais não foi efectuado durante a última década.

No complexo impacto de vários factores ambientais sobre o estado da saúde pública, a água potável tem uma contribuição significativa, podendo causar morbilidade infecciosa e não infecciosa [8]. É sabido que a não conformidade da qualidade da água potável com os requisitos regulamentares é uma das razões para a propagação de doenças de etiologia não infecciosa: cárie dentária ou fluorose dentária (deficiência ou excesso de flúor); metemoglobinemia por nitrato de água (excesso de nitratos na água); urolitíase ou colelitíase (excesso de sais minerais na água); bócio endémico (deficiência de iodo na água); doenças cardiovasculares (água mole ou dura) [9].

Os trabalhos de cientistas nacionais - higienistas nos últimos 10 anos permitiram prever as consequências perigosas da migração ativa de metais pesados (HM) para ambientes de suporte de vida e formar o seu impacto negativo na saúde da população das áreas residenciais das cidades industriais [10]. Está provado que durante os últimos 20 anos no ar das cidades industriais da Ucrânia há uma diminuição gradual do conteúdo de HMs no ar, mas um aumento significativo do seu conteúdo na água e nos produtos alimentares, o que se correlaciona com a taxa de contaminação interna do organismo dos habitantes das cidades industriais [11]. Por conseguinte, o problema do estudo da poluição química nos sistemas de abastecimento de água centralizado e descentralizado em povoações rurais é relevante.

Um estudo plurianual realizado por cientistas americanos em zonas rurais de estados selecionados dos EUA, durante 1971-2006, identificou factores etiológicos em 48 casos de surtos de doenças transmitidas pela água que ocorreram em 24 estados. Destes 48 surtos, 36 estavam associados a água potável insuficientemente tratada proveniente de fontes de água subterrâneas, o que contribuiu para doenças infecciosas entre adultos: 4128 pessoas ficaram doentes e 3 pessoas morreram [12].

A análise detalhada das causas dos surtos de doenças transmitidas pela água mostrou que 21 surtos (58,3%) estavam associados à bactéria E. coli, 5 surtos (13,9%) eram de origem viral, 3 surtos (8,3%) eram causados por parasitas, 1 surto (2,8%) estava associado à contaminação química da água potável de poços, 1 surto (2,8%) deveu-se à contaminação simultânea de fontes de água subterrânea com bactérias e vírus, 1 surto (2,8%) deveu-se à contaminação simultânea de água potável com bactérias e parasitas e 4 surtos (11,1%) foram de etiologia incerta. Entre os 36 surtos aquáticos em adultos em estados selecionados dos EUA, foram notificados 22 surtos (61,1%) de doenças gastrointestinais agudas, 12 surtos (33,3%) de doenças agudas por enterovírus e 1 surto (2,8%) de hepatite A [13]. Os epidemiologistas do Centro de Controlo de Doenças consideram que as principais causas destes surtos de doenças transmitidas pela água nos Estados Unidos são deficiências associadas ao consumo de água potável inadequadamente tratada proveniente de fontes de água subterrâneas. Foi registado um total de 21 (59,5%) casos de surtos aquáticos, sendo as principais deficiências: 13 (61,9 %) casos estão relacionados com água potável não tratada proveniente de fontes de abastecimento subterrâneas, 6 (28,6 %) com o sistema de tratamento de água potável, 1 (4,8 %) com o sistema de distribuição de água potável pré-tratada e 1 (4,8 %) com a rede de distribuição [14].

Não foram detectados surtos no tratamento das águas de superfície. Mais de 50% das fontes de água subterrânea nas zonas rurais dos Estados Unidos causaram surtos de doenças transmitidas pela água associados a fontes de água subterrânea não tratadas ou inadequadamente tratadas durante um período de 35 anos (1997 a 2006), pelo que a contaminação das águas subterrâneas continua a ser um problema de higiene premente [15]. Por conseguinte, as agências de saúde pública dos Estados Unidos estão a concentrar-se nas causas identificadas de doenças, especialmente nas populações rurais, no saneamento de poços e fontes de água potável e no saneamento de poços rurais para proteger a população de agentes patogénicos bacterianos e virais [16].

De acordo com a literatura [17], está estabelecido que o principal papel de influência na saúde da população é desempenhado por factores de risco como o "estilo de vida", a situação demográfica desfavorável, a nutrição irracional, as condições de trabalho prejudiciais e outros. A percentagem de influência destes factores na saúde é de 49-53%, a percentagem de influência dos factores genéticos é de 18-22%, a dos factores médicos é de 8-10% e a influência dos factores ambientais na saúde é de 17-20% [18]. Consequentemente, ao abordar a questão do perigo da poluição ambiental para a saúde da população rural, deve ser tido em conta que os factores nocivos podem afetar não só por inalação, mas também por via oral - através da água potável e dos alimentos [19, 20, 21]. Este facto é especialmente importante para as substâncias que estão disseminadas e são facilmente incluídas nas cadeias biológicas: "solo - águas subterrâneas e superficiais - plantas - animais - seres humanos". Estas incluem principalmente metais pesados, compostos orgânicos persistentes contendo azoto e outros xenobióticos [22, 23, 24].

De acordo com a ONU, atualmente 1,1 mil milhões da população mundial não têm acesso a água potável de qualidade. As doenças infecciosas causadas pelo fator água representam cerca de 80% das doenças infecciosas no mundo. A água potável não satisfaz os requisitos sanitários e higiénicos, representa uma ameaça de doenças em massa da população, aumento da mortalidade (especialmente entre as crianças).

A disponibilidade de água potável de alta qualidade em quantidades que satisfaçam as necessidades humanas básicas é uma das condições para melhorar a saúde humana e o desenvolvimento sustentável do Estado. Qualquer incumprimento das normas de qualidade da água potável pode ter consequências desfavoráveis para a saúde e o bem-estar da população. Neste sentido, é importante avaliar o impacto da água no corpo humano e, em especial, nos habitantes das aldeias. Uma vez que o fator água contribui para a ocorrência e complicação de mais de 80% das doenças somáticas, como a aterosclerose e outras doenças não transmissíveis [25].

Dado que a grande maioria da investigação científica dos últimos 20 anos se centrou no estudo do estado higiénico do abastecimento de água potável nas cidades industriais, a necessidade de tal investigação nas zonas rurais torna-se ainda mais discutível.

Finalidade e objectivos do estudo. O objetivo do trabalho é a fundamentação científica das medidas sanitárias e higiénicas destinadas a melhorar a segurança e a qualidade da água potável das fontes de abastecimento de água centralizadas e descentralizadas nas povoações rurais da região de Dnepropetrovsk, com base na avaliação ecológica e higiénica dos indicadores de qualidade da água da torneira e da água potável tratada.

A fim de atingir o objetivo do estudo, estão previstos os seguintes **objectivos**

1. avaliar a qualidade da água do reservatório de Karachunovskoye - uma fonte de abastecimento centralizado de água para a população da urbanização ocidental (zona de Krivoy Rog), de acordo com o nível dos indicadores médios anuais da composição do sal, indicadores sanitários gerais, químicos, organolépticos e toxicológicos da composição química da água para o período de observação a longo prazo (1965 - 2012) anos.
2. determinar o nível de morbilidade da população adulta - residentes em zonas rurais da região de Dnepropetrovsk durante um período de observação de 6 anos (2008 - 2013).
3. Efetuar uma avaliação comparativa dos indicadores de qualidade da água pré-tratada de diferentes empresas-produtores, produzida na zona de urbanização de Krivoy Rog, e da água potável da torneira em 1 taxon (distrito de Krivoy Rog).

Objeto do estudo: indicadores de qualidade da água potável; indicadores de morbilidade da população rural; exposição oral da população rural a compostos químicos com água potável.

Métodos de investigação: estudo epidemiológico retrospetivo (para análise da morbilidade na população adulta dos taxa rurais da região); sanitário-toxicológico, físico-químico (para determinação dos indicadores de qualidade da água das fontes de abastecimento de água); sanitário-estatístico (para tratamento matemático dos indicadores quantitativos obtidos, métodos de variação estatística).

O processamento estatístico dos resultados foi efectuado num computador pessoal, utilizando os pacotes estatísticos padrão STATISTICA 6.0 (número de licença 74017-640-0000106-57362). O pacote Excel (número de licença 74017-640-0000106-57285) foi utilizado para a preparação inicial das tabelas e para os cálculos intermédios. Foram calculados os seguintes parâmetros: valores médios

(M), erros da média (m), mediana (Me), intervalo de confiança (IC) de 2575%.

SECÇÃO 1: MATERIAIS E MÉTODOS DE INVESTIGAÇÃO

Para resolver as tarefas estabelecidas, realizámos estudos ecológicos e higiénicos complexos sobre a qualidade da água do reservatório de Karachunovskoye - uma fonte de abastecimento centralizado de água para a população da urbanização ocidental (zona de Krivoy Rog); estudámos os indicadores de qualidade da água potável pré-tratada produzida por várias empresas; realizámos uma avaliação retrospetiva do estado de saúde da população adulta dos taxa rurais da região de Dnepropetrovsk. Para a realização do programa do trabalho em questão, foram utilizados métodos de investigação adequados aos objectivos e tarefas: investigação epidemiológica retrospetiva; química-analítica (espetrofotometria de absorção atómica); sanitária-química (fotocolorimetria); sanitária-estatística (processamento matemático dos indicadores quantitativos recebidos, métodos de variação estatística). O quadro 1 apresenta informações gerais sobre as etapas, os métodos e o âmbito da investigação.

De acordo com a distribuição territorial, 22 distritos administrativos da região de Dnepropetrovsk foram classificados em 6 tipos de taxa, segundo o "Esquema de planeamento do território da região de Dnepropetrovsk" [26]. A classificação dos taxa territoriais foi efectuada de acordo com os indicadores que têm em conta o potencial de desenvolvimento de cada taxa, nomeadamente: conveniência de transporte e localização geográfica, fornecimento de água potável de qualidade garantida à população rural e potencial de recursos naturais, nível de desenvolvimento da rede de transportes, potencial de mão de obra e nível de desenvolvimento económico, social, ambiental e urbano.

Quadro 1

Fases, métodos e âmbito da investigação

Não. n/a	Fase de investigação	Métodos de investigação	Âmbito da investigação
1.0	[1]Determinação da qualidade da água do reservatório de Karachunovskoye - uma fonte de abastecimento centralizado de água para a população da urbanização ocidental (zona de Krivoy Rog):		
1.1.	Estudos da composição salina da água da albufeira de Karachunovskoye de acordo com os níveis de valores médios anuais (1965-2012) anos	Sanitário-químico: determinação da dureza total, do resíduo seco, dos sulfatos e dos cloretos por métodos foto-lorimétricos	7296
1.2.	Avaliação dos indicadores químicos	Organolépticas: odor a	1000

	organolépticos e sanitários gerais da qualidade da água da albufeira de Karachunovskoye para os anos 2008-2012	200 - 600C, sabor e gosto residual, cor, turvação	
		Sanitária e química: determinação do pH, alcalinidade, acidez de permanganato, acidez de bicromato, CBO, oxigénio dissolvido, carbono orgânico total por métodos foto-colorimétricos	1750
1.3.	Determinação dos indicadores da composição química da água da albufeira de Karachunovskoye (2008 -2012) anos	Química sanitária: determinação de azoto amoniacal, nitritos, nitratos, Mo, As, Zn, cianetos, Ni, Pb, CaPO4, Mg, Na+ - K+, Fe, Cd, Cu, F, Cr, silício, etc.	5500
		Ácido, polifosfatos, SPAS, produtos petrolíferos, fenol por métodos fotocolorimétricos e espectrofotométricos de absorção atómica	
2.0	[1]Estudo dos indicadores de qualidade da água potável pré-tratada utilizada pela população da urbanização ocidental (zona de Krivoy Rog):		
2.1.	Estudo dos indicadores de qualidade da água potável pré-tratada produzida pelo fabricante Mizrahin LLC (2012-2014) anos de observação	Organolépticas: odor a 200 - 600C, sabor e aroma, cor, turvação, sedimentação	1301
		Sanitários e químicos: determinação da dureza total, resíduo seco, cloretos, sulfatos, ferro total, alcalinidade total, Mg, Zn, Cu, Mn, pH, F, Al, Ag, Pb, Cd, Hg, azoto amoniacal, nitritos, nitratos, acidez por métodos fotocolorimétricos e de espetroscopia de absorção atómica.	2602

2.2.	Estudo dos indicadores de qualidade da água potável pré-tratada produzida pela empresa produtora "Anisimov" LLC (2012-2014) anos de observação	Organolépticas: odor a 200 - 600C, sabor e aroma, cor, turvação, sedimentação	1059
		Química sanitária: determinação da dureza total, do resíduo seco, dos cloretos, dos sulfatos, do ferro total, da alcalinidade total, do Mg, do Zn, do Cu, do Mn, do pH, do F, do Al, do Ag, do Pb, do Cd, do Hg, do azoto amoniacal, do nitrito, do nitrato, da acidez por fotocolorimetria e por espetrofotometria de absorção atómica	2118
3.0	[2]Estudo da dinâmica dos indicadores de saúde da população rural da região de Dnipropetrovsk para os anos (2008 - 2013):		
3.1.	Estudo da morbilidade na população adulta em 6 zonas rurais da região de Dnepropetrovsk, de acordo com os níveis dos indicadores plurianuais médios	Estudo epidemiológico retrospetivo: Todas as doenças, I (A00- B99), II (C00-D48) III (D50-D89), (D50- D53), IV (E00-E90), VI (G00-G99), IX (I00-I99), X (J00- J99), XI (K00-K93), XII (L00-L99), XIII (M00-M99), XIV (N00-N99), XVII (Q00-Q99), XVII (Q20-Q28) classes de doenças (CID - X).	522720

Classificação dos taxa rurais da região de Dnepropetrovsk.

O primeiro tipo - taxa com um indicador de potencial elevado e um nível elevado de desenvolvimento socioeconómico e urbano (distritos de Krivoy Rog e Novomoskovsk); o segundo tipo - taxa com um indicador de potencial médio e um nível elevado de desenvolvimento socioeconómico e urbano (distritos de Nikopol e Pavlograd); o terceiro tipo - taxa com um indicador de potencial elevado e um nível médio de desenvolvimento socioeconómico e urbano (distrito de Dnepropetrovsk); o quarto tipo - taxa com um indicador de potencial médio e um nível médio de desenvolvimento socioeconómico e urbano (distrito de Dnepropetrovsk)

A zona experimental - zona de urbanização ocidental (Krivoy Rog) ocupa (9 % da área da região de Dnepropetrovsk, população - 740 mil pessoas, das quais 94 % - população urbana). A zona de urbanização de Krivoy Rog abrange a cidade de Krivoy Rog e a área da barragem de Karachunovskoye com zonas de proteção da água para o desenvolvimento de actividades recreativas de curta duração e fixas. O desenvolvimento da cidade de Krivoy Rog e da zona da barragem de Karachunovskoye está associado ao funcionamento de poderosas empresas mineiras e metalúrgicas, que atingiram um nível de crise em termos de urbanização e de impacto ambiental negativo. O "Programa de Reforma e Desenvolvimento da Habitação e dos Serviços Comunais na região de Dnipropetrovsk para 2004-2020" prevê: reconstrução das redes de abastecimento de água e de eliminação de águas residuais; medidas para introduzir as tecnologias mais recentes na indústria mineira; recuperação de territórios perturbados, ajardinamento e ajardinamento da ZPE; racionalização da rede de transportes e de engenharia e comunicação; determinação da área das zonas de proteção da água da barragem de Karachunovskoye e respetivo regime.

Quadro 2

Estrutura da cobertura dos residentes das zonas rurais em Dnipropetrovsk Oblast pelo abastecimento centralizado e descentralizado de água potável

Táxon rural	Número de fontes centralizadas de abastecimento de água potável (abs., %)	Número de fontes descentralizadas de abastecimento de água potável (abs., %)	Número total de todas as fontes de abastecimento de água potável (abs., %)	Classificação (por peso específico da cobertura por ambos os tipos de fontes de abastecimento de água)
1	9 (4,8 %)	235 (43,6 %)	244 (33,6 %)	1
2	13 (6,9 %)	7 (1,3 %)	20 (2,7 %)	6
3	28 (15 %)	5 (0,9 %)	33 (4,5 %)	5
4	42 (22,5 %)	52 (9,7 %)	94 (13 %)	4
5	16 (8,5 %)	91 (16,9 %)	107 (14,7 %)	3
6	79 (42,2 %)	148 (27,5 %)	227 (31,3 %)	2
Total por taxa	187 (100 %)	538 (100 %)	725 (100 %)	

Para o estudo dos indicadores de qualidade da água para consumo humano foram utilizados os seguintes métodos de investigação: organolépticos - odor, cor, turvação; físico-químicos - dureza total, resíduo seco, cloretos, sulfatos, ferro total, cobre, zinco, manganês, fenóis, pH; sanitário-toxicológicos - níquel, arsénio, chumbo, flúor, alumínio, selénio, mercúrio, azoto nítrico, azoto nítrico, acidez. Para a determinação dos indicadores organolépticos, físico-químicos e sanitário-toxicológicos, utilizámos os documentos normativos pertinentes (quadro 3).

Quadro 3

LISTA DE INDICADORES DE QUALIDADE DA ÁGUA POTÁVEL E RESPECTIVOS MÉTODOS DE CONTROLO

Indicadores organolépticos da qualidade da água potável	
Odor a 20 °C	GOST 3351, DSTU EN 1420-1
Odor quando aquecido até 60 °C	GOST 3351, DSTU EN 1420-1
Gosto e sabor	GOST 3351
Colorido	GOST 3351, DSTU ISO 7887
Turbidez	GOST 3351, DSTU ISO 7027
Indicadores químicos de qualidade que afectam as propriedades organolépticas propriedades da água potável	
Componentes inorgânicos	
Valor de hidrogénio (pH)	DSTU 4077
Resíduo seco (mineralização total)	GOST 18164
Rigidez total	GOST 4151, DSTU ISO 6059
Alcalinidade total	DSTU ISO 9963-1, DSTU ISO 9963-2
Sulfatos	GOST 4389, DSTU ISO 10304-1
Cloretos	GOST 4245, DSTU ISO 10304-1, DSTU ISO 9297
Ferro total (Fe)	GOST 4011, DSTU ISO 6332
Manganês (Mp)	GOST 4974, DSTU ISO 11885, DSTU ISO 15586
Cobre (C)	GOST 4388, DSTU ISO 11885, DSTU ISO 15586
Zinco (Zn)	GOST 18293, DSTU ISO 11885, DSTU ISO 15586
Cálcio (Ca)	DSTU ISO 6058, DSTU ISO 11885
Magnésio (Mg)	DSTU ISO 6059, DSTU ISO 11885
Sódio (Na)	GOST 23268.6, DSTU ISO 11885
Potássio (K)	GOST 23268.7, DSTU ISO 11885
Componentes orgânicos	
Produtos petrolíferos	GOST 17.1.4.01
Indicadores toxicológicos de inocuidade da composição química água potável	
Componentes inorgânicos	
Alumínio (AX)	GOST 18165, DSTU KO 11885, DSTU ISO 15586
Amoníaco (NH4+)	GOST 4192, DSTU ISO 6778, DSTU ISO 7150-1, DSTU ISO 5664
Cádmio (Cd)	DSTU ISO 11885, DSTU ISO 15586
Arsénio (As)	GOST 4152, DSTU ISO 11885, DSTU ISO 15586
Níquel (Ni)	DSTU 7150, DSTU ISO 11885
Nitratos (NO3-)	GOST 18826, GOST 4192, DSTU 4078, DSTU ISO 7890-1, DSTU ISO 7890-2,
	DSTU ISO 10304-1
Nitritos (NO2-)	GOST 4192, DSTU ISO 6777

Mercúrio (Hg)	GOST 26927
Chumbo(Pb)	GOST 18293, DSTU ISO 11885, DSTU ISO 15586
Fluoretos (F-)	GOST 4386, DSTU ISO 10304-1
Crómio total (Cg)	DSTU ISO 11885, DSTU ISO 15586
Cianetos (CN-)	DSTU ISO 6703-1, DSTU ISO 6703-2, DSTU ISO 6703-3
Componentes orgânicos	
Pesticidas (total)	DSTU ISO 6468
Tensioactivos sintéticos (SPAS)	DSTU ISO 7875-1
Indicadores integrais	
Oxidação por permanganato	GOST 23268.12
Total orgânico carbono	DSTU PT 1484

No nosso estudo utilizámos um conjunto de métodos higiénico-sanitários, epidemiológicos, físico-químicos e estatísticos. Determinámos os indicadores médios anuais da qualidade da água da fonte de água superficial - o reservatório de Karachunovskoye, de acordo com os requisitos do SanPiN n.º 4630-88 [27]. A classe de água da fonte de água para cada um dos indicadores estudados foi determinada de acordo com GOST 4008:2007 [28]. Os seguintes indicadores de poluição da água da fonte de água foram selecionados como indicadores indicadores: organolépticos (odor, gosto e sabor, turbidez), dureza total, resíduo seco, sulfatos, cloretos, oxidabilidade do permanganato, pH, oxidabilidade do bicromato, oxigénio dissolvido, carbono orgânico total, teor de oligoelementos e substâncias químicas (Mo, As, Ni, Zn, Na+ - K+, Ca, Mg, Fe, Mn, Cu, F, cianetos, fosfato de cálcio, azoto amoniacal, nitritos e nitratos, ácido silícico, tensioactivos sintéticos, polifosfatos e produtos petrolíferos) (foram estudados 33 indicadores no total). O estudo da maioria dos indicadores de qualidade da água da albufeira de Karachunovskoye foi efectuado durante 2008-2012, a composição salina da água (dureza total, resíduo seco, sulfatos, manganês) de acordo com os valores médios anuais dos períodos: A medição destes indicadores foi realizada utilizando métodos de cromatografia gasosa e de absorção atómica.

Durante 2012-2014, estudámos a qualidade da água potável pré-tratada produzida por duas empresas especializadas no pré-tratamento da água proveniente do sistema centralizado de abastecimento de água da cidade de Krivoy Rog - Mizrahin LLC e Anisimov LLC. Durante o período de observação de 3 anos, foram efectuados 3 903 testes aos indicadores de qualidade da água pré-tratada produzida pela Mizrahin LLC e 3 177 testes à água potável pré-tratada produzida pela Anisimov LLC. A água potável pré-tratada produzida por estas empresas especializadas é utilizada em pontos de engarrafamento locais e fornece água à população da cidade de Krivoy Rog e à população rural de 1 taxon (distrito rural de Krivoy Rog).

Os indicadores de qualidade médios anuais da água potável pré-tratada para 2012-2014 foram comparados com as normas actuais para a água embalada proveniente de pontos de engarrafamento, de acordo com o GSanPiN 2.2.4-171-10 "Requisitos higiénicos para a água potável destinada ao consumo humano" [29]. [29]. [00]A qualidade da água pré-tratada foi estudada através de indicadores organolépticos: odor a 20 e 60 C, sabor, cor, turvação, presença de sedimentos, indicadores físico-químicos: [3]dureza total, resíduo seco, alcalinidade total, ferro total, índice de hidrogénio, sulfatos, cloretos, sanitário-toxicológicos: cobre, zinco, arsénio, manganês, chumbo, cádmio, alumínio, fluoretos, acidez, amónio, nitritos, nitratos (por NO).

Com base nos dados dos relatórios estatísticos oficiais [30], foi criada uma base de dados sobre o estado de saúde da população adulta que vive em 6 zonas rurais da região de Dnepropetrovsk.

A análise dos indicadores de morbilidade na população adulta (de acordo com 15 classes da CID-X) foi efectuada em 22 distritos administrativos da região de Dnipropetrovsk, distribuídos por 6 tipos de taxa rural. O número total de atributos de resultados (indicadores de saúde) que foram analisados é apresentado no Quadro 1. A análise foi efectuada pelo método de observação contínua retrospetiva com base nos dados comunicados no território de 6 taxa rurais da região de Dnipropetrovsk, em comparação com os indicadores médios anuais da região de Dnipropetrovsk no seu conjunto para o período 2008-2013. O agrupamento estatístico de materiais sobre a morbilidade da população rural foi efectuado de acordo com a "Classificação Estatística Internacional de Doenças" (CID-10) [31].

O tratamento estatístico e a análise dos resultados do estudo foram efectuados com recurso a métodos de estatística de variação [32], utilizando o Microsoft Excel-2003 [33] e o STATISTICA v. 6.1® (Licença n.º 74017-640-0000106-57362). As caraterísticas estatísticas são apresentadas como: número de observações (n), média aritmética (M), erro padrão da média (m), mediana (Me), índices relativos (número abs., %). Tendo em conta a lei da distribuição dos dados (teste de Kolmogorov-Smirnov), foram utilizadas para comparação as análises de variância de Student, Mann-Whitney, qui-quadrado ($\chi 2$), ANOVA de um fator e Kruskal-Wolis. O nível crítico de significância estatística (p) para testar as hipóteses estatísticas foi aceite ($p < 0,05$), ($p < 0,001$).

SECÇÃO 2: AVALIAÇÃO HIGIÉNICA DOS INDICADORES DE QUALIDADE DA ÁGUA POTÁVEL UTILIZADOS PELA POPULAÇÃO DA ZONA DE URBANIZAÇÃO OCIDENTAL (KRIVOY ROG)

[333]Existem mais de 52,8 mil milhões de metros de recursos hídricos no território da região de Dnipropetrovsk, incluindo o escoamento local - 0,826 mil milhões de metros, reservas de águas subterrâneas - 0,381 mil milhões de metros [34]. [333]Os principais poluidores das massas de água na bacia do rio Dnieper são a indústria (as emissões em 2007 excederam 790,9 milhões de m (62%), os serviços públicos (359,5 milhões de m (28%), a agricultura (123,4 milhões de m (9,6%) e outras indústrias (1,6 milhões de m3 (menos de 1%) [35].

Um papel importante na acumulação de substâncias nocivas na albufeira de Karachunovskoye é desempenhado pelo afluxo de água poluída ao rio Ingulets a partir da região de Kirovograd, uma vez que os elementos pesados se depositam no fundo quando a velocidade do fluxo de água na albufeira diminui drasticamente, para além da poluição que entra no rio proveniente das empresas da cidade de Krivoy Rog [36, 37]. Os maiores poluentes das massas de água na bacia do Ingults a montante do reservatório de Karachunovskoye são os efluentes de empresas industriais nos oblasts de Kirovograd e Dnepropetrovsk (Znamyanka, Alexandria, Yellow Waters) e de empresas agrícolas [38].

A bacia de minério de ferro de Krivoy Rog é a maior da Ucrânia em termos de reservas de minério de ferro e o principal centro mineiro de Dnepropetrovsk Oblast. A cidade de Krivoy Rog concentra 21 mil milhões de toneladas de reservas de minério de ferro, das quais as reservas industriais ascendem a 18 mil milhões de toneladas [39]. O complexo industrial e económico da região de Krivoy Rog foi formado com base na utilização de recursos minerais, o que influenciou o desenvolvimento da produção e levou a uma elevada concentração territorial de empresas mineiras e metalúrgicas [40, 41]. [3] Anualmente, as empresas mineiras em atividade na bacia bombeiam cerca de 40 milhões de m3 de água subterrânea (mina, céu aberto), entre os quais 17-18 milhões de m3 de água de mina altamente mineralizada [42]. [3] As possibilidades máximas de utilização das águas subterrâneas nos ciclos de reciclagem das empresas mineiras rondam os 28-29 milhões por ano, sendo os restantes 11-12 milhões de m3 acumulados temporariamente e retidos no reservatório de água da mina [43].

A falta de uma alternativa real para a plena utilização ou aproveitamento do excesso de água reciclada obriga à utilização anual de medidas para a descarga do excesso de água reciclada das empresas mineiras de Kryvbas nas massas de água da região [44].

Uma concentração significativa de objectos potencialmente perigosos no território da região de Krivoy Rog (minas, pedreiras, lixeiras, bacias de rejeitos, escombreiras), se a bombagem de águas subterrâneas for interrompida ou se os tanques de armazenamento transbordarem, tornar-se-á inevitavelmente uma fonte de desenvolvimento de catástrofes de grande escala provocadas pelo homem [45]. A infraestrutura da cidade de Krivoy Rog está associada ao funcionamento de poderosas empresas mineiras e metalúrgicas, que atingiram um nível crítico em termos de urbanização e de impacto ambiental negativo [46].

Dinâmica da composição salina da água da barragem de Karachunovskoye, por níveis de valores médios anuais para (19652012) anos

Foi estabelecida a dinâmica do crescimento da dureza total da água da albufeira de Karachunovskoye de acordo com os níveis dos indicadores médios anuais: de (6,76±0,40) mmol/dm3 em 1965-1979 para (10,28±0,44) mmol/dm3 em 20022012. Ao mesmo tempo, durante 1965-1979, de acordo com GOST 4008:2007, a água do reservatório foi classificada como classe 3 de fontes de abastecimento de água de superfície, ou seja, com "qualidade de água satisfatória e aceitável" de acordo com o indicador de dureza total [28]. [3]De acordo com os níveis dos indicadores médios anuais durante 1980-1990, 1991-2001, 2002-2012, a dureza total excedeu 7,0 mmol/dm , ou seja, a água da albufeira de Karachunovskoye pode ser referida à 4ª classe de águas de superfície, ou seja, "medíocre, pouco adequada, qualidade de água indesejável" (Fig. 1).

[3]Figura 1: Nível médio anual de dureza total na água da albufeira de Karachunovskoye, (mmol/dm).

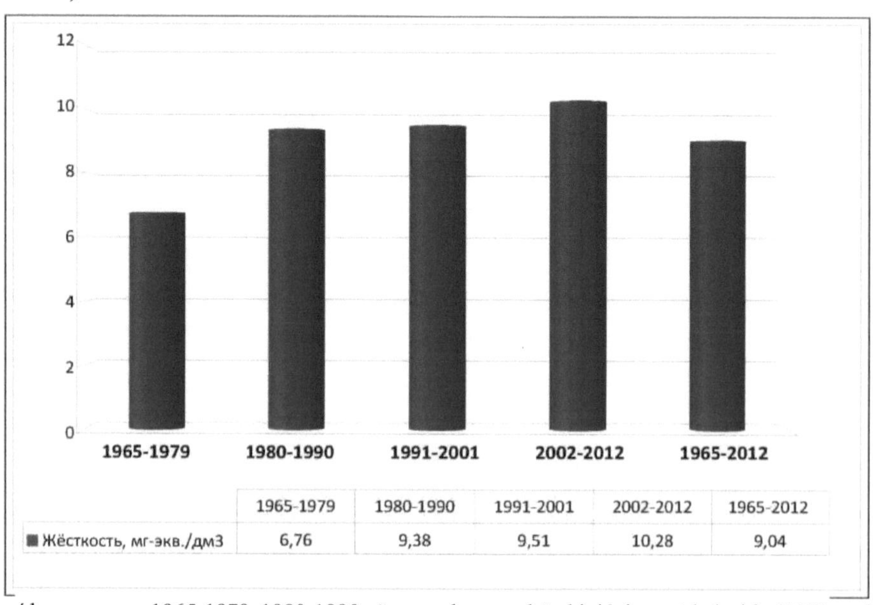

	1965-1979	1980-1990	1991-2001	2002-2012	1965-2012
■ Жёсткость, мг-экв./дм3	6,76	9,38	9,51	10,28	9,04

[3]O resíduo seco para 1965-1979, 1980-1990 não excedeu o padrão higiénico estabelecido (1000 mg/m

) de acordo com SanPiN No. 4630-88 [27], e a água deste reservatório foi classificada como classe 3 de acordo com GOST 4008:2007 [28]. De 1991 a 2012, a qualidade da água em termos de teor de resíduos secos deteriorou-se, pelo que a fonte de água foi classificada como um reservatório de superfície de classe 4. Para o mesmo período de observação, a dinâmica do aumento do resíduo seco com a superação do padrão higiénico é mostrada: em 1991-2001 em 1,04 vezes; em 2002-2012 em 1,23 vezes. - 1,23 vezes. [3] O teor médio de resíduo seco para o período de 1965 a 2012 foi ao nível: 1005,31±37,12 mg/dm (Fig. 2).

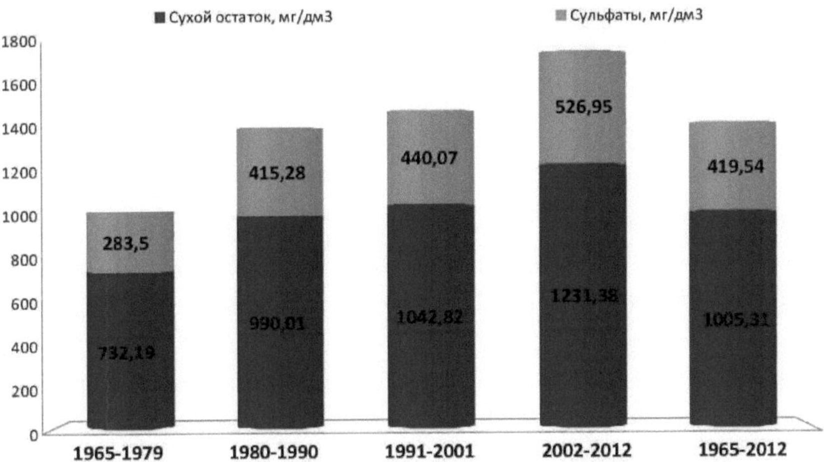

[3]Figura 2: Valores médios anuais de resíduos secos e sulfato na água da albufeira de Karachunovskoye em média em 19652012, (mg/dm).

A tendência para o aumento do indicador médio anual do teor de sulfatos na água da albufeira de Karachunovskoye é demonstrada. [3] [3]A concentração de sulfatos aumentou rapidamente de 283,50±8,50 mg/dm em 1965-1979 (excedendo o CMA 1,13 vezes) para 526,95±6,27 mg/dm em 20012012 (excedendo o CMA 2,11 vezes). Em termos de teor de sulfatos, a água desta albufeira pertenceu à classe 4 das massas de água superficiais durante todo o período de observação (1965-2012). [3]Em termos de teor de cloretos, registou-se uma dinâmica de diminuição de 1,34 vezes: de 139,58±2,49 para 104,33±1,80 mg/dm . [33]Durante o período 2008-2012, os cloretos não ultrapassaram o valor MAC (250 mg/dm) na água da albufeira e a qualidade da água correspondeu à classe 3 (101-250 mg/dm). O teor mais elevado de manganês foi observado durante 1980-1990 e 1991-2001 e variou de 2,2-2,1 MAC. [3]Em geral, a qualidade da água desta massa de água pertence à classe 3 e foi de 0,162±0,018 mg/dm durante todo o período de observação (1965-2012). [3]A melhor qualidade da massa de água superficial em termos de teor de manganês (classe 2) foi registada em

1965-1979 e 2001-2012 e situou-se abaixo do nível MAC (0,1 mg/dm).

Indicadores organolépticos e químicos sanitários gerais da qualidade da água da albufeira de Karachunovskoye para 2008-2012

Em termos de odor a 20-60°C, a água pertenceu à classe 1 em 2008-2012 (<1 ponto), exceto em 2009 (1 ponto), ou seja, a água da albufeira pertenceu à classe 2. Em geral, a pontuação média anual de odor da água do reservatório de Karachunovskoye pertencia à classe de qualidade 1 e era de 0,77 ± 0,05 pontos. O sabor e o aroma da água nunca excederam as normas higiénicas e situaram-se dentro dos 0 pontos; a água desta barragem pertencia à classe 1 das fontes de abastecimento de água de superfície em termos de qualidade.

O índice de hidrogénio esteve dentro da norma estabelecida para as fontes superficiais de classe 2 (pH = 7,6-8,1) durante o período de observação de 5 anos, exceto em 2010 (pH = 8,21±0,06), quando a qualidade da água da albufeira pertencia à classe 3 (pH = 8,2-8,5). Verificou-se uma tendência de aumento da cor da água de 55,50±5,53 graus em 2008 para 67,25±6,57 graus em 2012, mas a água da albufeira pertenceu à classe 2 de qualidade das águas superficiais (20-80 graus) durante todo o período de observação.

^{333}A dinâmica de aumento da turbidez da água no reservatório foi detetada em 1,45 vezes - de 2,22±0,34 mg/dm (2008) para 3,23±0,42 mg/dm (2012), no entanto, pelo nível deste indicador a água era de melhor qualidade, pois não ultrapassou o valor de turbidez para a 1ª classe de fontes de abastecimento de água (<20 mg/dm). ^{3}O indicador de alcalinidade mostrou uma tendência decrescente durante 2008-2012: de 4,50±0,05 para 4,19±0,06 mmol/dm (1,07 vezes). ^{3}Em geral, a água do reservatório de Karachunovskoye, de acordo com este indicador, pertence à classe de qualidade 3 (4,1-6,5 mmol/dm) durante todo o período de observação.

$_{2}$A acidez do permanganato variou entre 8,27±0,19 e 9,58±0,27 mgO /dm3 , com o valor mais elevado do indicador em 2012 e uma tendência ascendente pronunciada. $_{2}{}^{3}{}_{2}{}^{3}$No entanto, para o período 2008-2012, o índice médio anual de oxidação do permanganato situou-se dentro dos limites da classe 2 (3-10 mgO /dm) e foi de 8,65±0,11 mgO /dm . $_{2}{}^{33}$Na água da barragem de Karachunovskoye, registou-se uma tendência para o índice de oxidabilidade do bicromato (CBO) diminuir 1,38 vezes: de 21,72±0,67 mgO /dm em 2008 para 15,75±0,79 mgO2/dm em 2012. $_{2}{}^{3)}$No entanto, durante todo o período de observação, a qualidade da água do reservatório foi de classe 2 (21,06±0,58 mgO /dm , não excedendo o padrão higiénico estabelecido (9-30 mgC)$_{2\ dm3}$) (Fig. 3).

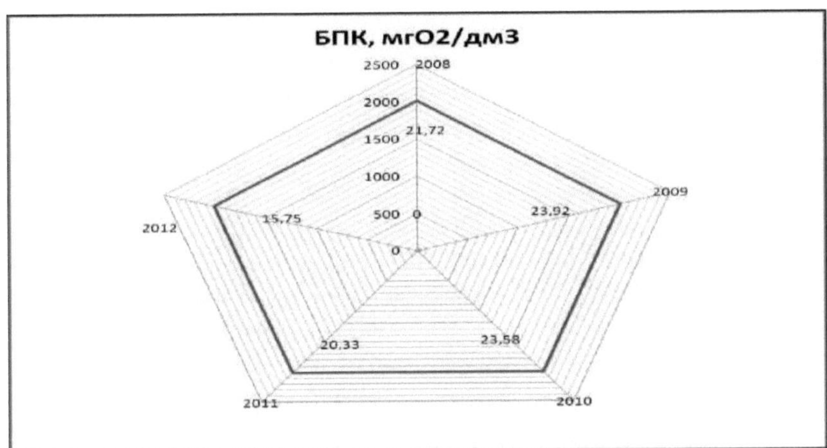

[2][3]**Figura 3: Valor médio da oxidabilidade do bicromato na água da albufeira de Karachunovskoye durante 2008-2012, (mgO /dm).**

[2][3]O valor de CBO registou uma tendência crescente em 2008-2012, com o nível mais elevado em 2011 - 2,81±0,35 mgO /dm . [33]Ao mesmo tempo, a média anual de CBO (2,58±0,18 mgO2/dm) não excedeu os limites de flutuação estabelecidos para fontes superficiais de classe 2 (1,3-3,0 mgO2/dm). [3][2]O oxigénio solúvel na água da albufeira não ultrapassou os limites da classe 1 (>8,0 mgO2/dm), mas ao longo do período de observação de 5 anos verificou-se uma tendência para aumentar o seu teor na água - de 9,15±1,03 para 9,57±0,97 mgO /dm3. [3]De acordo com o nível do indicador médio anual de oxigénio solúvel, a água pertence à 1ª classe de qualidade das fontes de água (9,09±0,45 mgO2/dm) (Fig. 4).

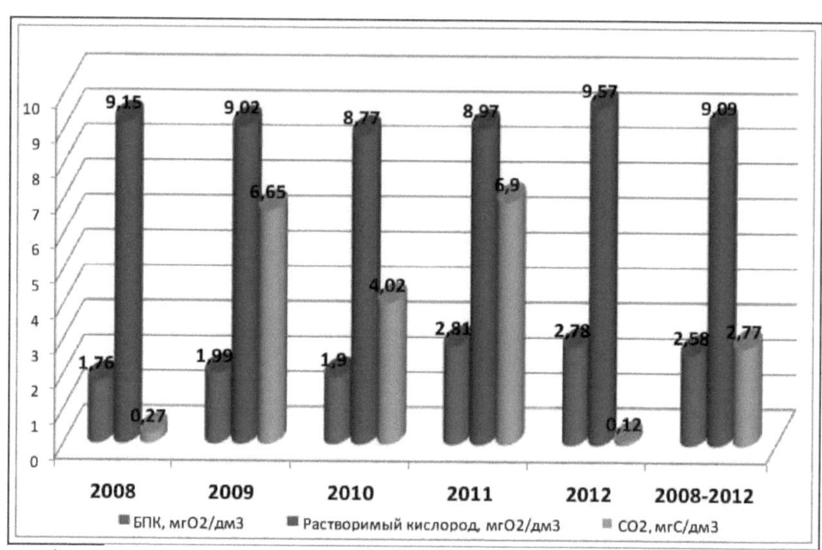

Figura. 4. [3]Teor médio de CBO, oxigénio solúvel e CO2 na água da albufeira de Karachunovskoye durante 2008-2012, (mgO2/dm).

[33]O teor médio de carbono orgânico total na água estava dentro da classe 1-2, mas de acordo com o nível do indicador médio anual (2,77 ± 0,63 mgC / dm) a água do reservatório de Karachunovskoye foi classificada como classe de qualidade 1 (<5,0 mgC / dm). [33]O valor mais elevado de carbono orgânico total foi registado em 2011 (6,90±0,96 mgC/dm ; classe 2), o mais baixo - em 2012 (0,12±0,08 mgC/dm ; classe 1).

Indicadores toxicológicos da composição química da água da albufeira de Karachunovskoye para os anos 2008 - 2012

[333]O teor médio de molibdénio na água não ultrapassou o MAC para as massas de água superficiais (0,25 mg/dm), mas a qualidade da água por este indicador pertenceu à classe 3 para todos os anos de observação, exceto 2009 (<0,001 mg/dm), ou seja, a água da albufeira correspondeu à classe 1 (<1 μg/dm). [3]A água foi caracterizada como "qualidade satisfatória, aceitável" (classe 3) em termos do nível da média anual de molibdénio (0,036±0,006) mg/dm . [3]O arsénio presente na água da albufeira não ultrapassou o valor MAC (0,05 mg/dm) no período 2008-2012, o que corresponde a uma qualidade de água de classe 2. [3]Verificou-se uma tendência para a diminuição do teor médio de arsénio na água da albufeira de superfície ao longo do período de observação de 5 anos, com valores que variaram entre 0,005 e 0,001 mg/dm . [33]O teor de cianeto na água manteve-se constante, na gama de 0,02-0,05 mg/dm , sendo que o indicador médio anual se situou ao nível de 0,035±0,015 mg/dm . [33]Assim, o teor de cianeto na água era da classe de qualidade 3 (11-50 μg/dm) e não excedeu

o CMA (0,1 mg/dm) durante todo o período de observação.

[33]Conforme apresentado na (Fig. 5), o teor médio de níquel na água do reservatório flutuou constantemente com uma tendência caraterística para aumentar este elemento químico 15 vezes: de 0,004±0,002 mg/dm em 2009 para 0,060±0,004 mg/dm em 2012. [3]De notar que a concentração de níquel na água nunca ultrapassou o valor MAC (0,1 mg/dm). [3] [3]De acordo com o indicador médio anual do teor de níquel (0,043±0,007) mg/dm, a água é da classe de qualidade 2 (20-50 µg/dm). [33]O chumbo não excedeu o CMA (0,03 mg/dm) na água, e o seu teor manteve-se constantemente a um nível <0,001 mg/dm , pelo que a água da fonte de água superficial era da melhor qualidade (classe 1).

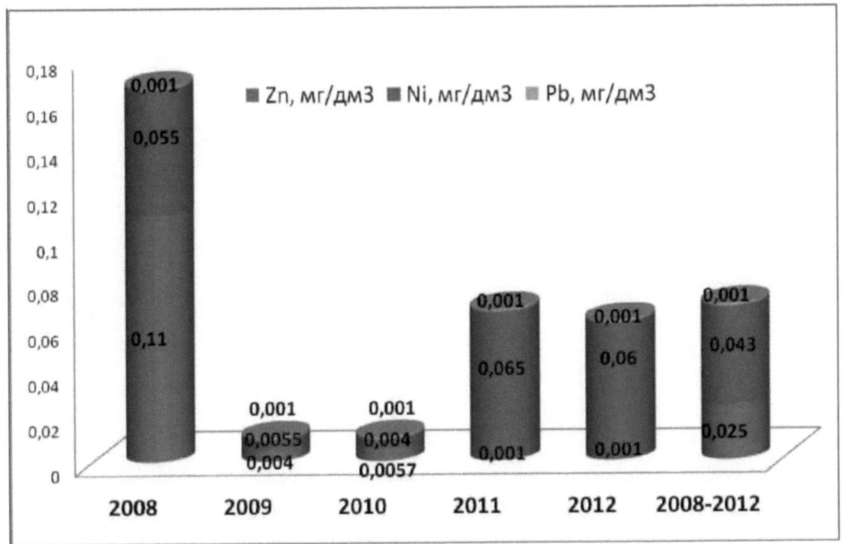

Figura 5. [3]Teor médio de metais pesados (Zn, Ni, Pb) na água da albufeira de Karachunovskoye em 2008-2012, (mg/dm).

[3]O teor médio de zinco na água não excedeu o valor MAC (1,0 mg/dm). [3]A água da albufeira de Karachunovskoye caracterizou-se por uma "qualidade excelente e desejável" (classe 1) de 2009 a 2012, tendo-se registado uma qualidade satisfatória (classe 3) em 2008, com <0,11 mg/dm . [3]Em termos de teores médios anuais de zinco, a água da albufeira caracterizou-se predominantemente por uma "qualidade boa e aceitável" (classe 2), com uma concentração média de zinco de 0,025±0,02 mg/dm .

[3]O teor médio de fosfato de cálcio excedeu o valor MAC (3,5 mg/dm): 26,05 vezes (em 2008) e 23,5 vezes (em 2012). [3]A média anual de fosfato de cálcio foi de 90,25±1,19 mg/dm , excedendo o CMA 25,78 vezes. [3]O teor de compostos de magnésio na água da albufeira excedeu constantemente o CMA no período 2008-2012 e variou entre 76,57±1,19 e 58,85±2,64 mg/dm (CMA 3,82-2,94 com

tendência para diminuir em 2012). [3]De acordo com o nível do indicador médio anual (71,59±1,36 mg/dm), os compostos de magnésio excederam a norma higiénica (3,58 MAC), pelo que a água da albufeira de Karachunovskoye, de acordo com este indicador, é classificada como classe de qualidade 3.

[3]A dinâmica de diminuição dos compostos de sódio-potássio na água do reservatório foi demonstrada: de 236,58±4,83 para 189,33±6,05 mg/dm . No entanto, o conteúdo destes compostos na água excedeu o MAC durante o período de 5 anos e flutuou dentro de 1,18-1,11 MAC, exceto em 2011-2012. [3]A concentração média anual de sódio - potássio na água também excedeu o MAC 1,07 vezes, sendo 215,0±4,31 mg/dm (Fig. 6).

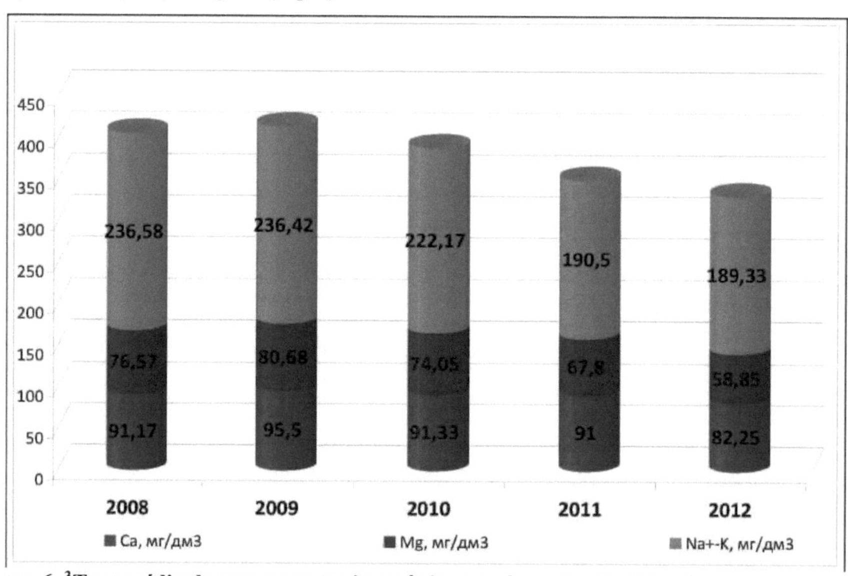

Figura. 6. [3]Teor médio de componentes inorgânicos na água da albufeira de Karachunovskoye em 2008-2012, (mg/dm).

[33]O azoto amoniacal não excedeu o valor MAC (2 mgCdm), mas verificou-se uma tendência de aumento do teor deste composto em 2008-2012, com o nível mais elevado em 2010 - 0,393±0,025 мгN/дм . Ao mesmo tempo, a qualidade da água em 2010-2011 correspondeu à classe 3, enquanto nos anos anteriores correspondeu à classe 2. [33]De acordo com o nível do indicador médio anual (dentro de 0,262 ± 0,013 мгN / дм), o nitrogênio amoniacal correspondeu à 2ª classe de qualidade da fonte de água 0,10-0,30 мгN / дм. [3]O azoto nitrito não ultrapassou o valor MAC (3,3 мгN/дм) durante todo o período de observação, sendo a água maioritariamente da classe de qualidade 3. [33]No

entanto, em 2008 e 2010, a água da albufeira de Karachunovskoye correspondeu à classe 4 como "medíocre, pouco adequada, qualidade indesejável" (>0,050 мгN/дм), com o valor mais elevado deste indicador em 2010 (0,061±0,021) мгN/дм . [3]De referir que o teor de azoto nítrico apresentou uma tendência negativa de descida em 2008-2012, mas as concentrações destes compostos não ultrapassaram o valor MAC (45 мгN/дм). [33]A água da albufeira de Karachunovskoye durante todo o período de observação pode ser classificada como classe de qualidade 4 (>1,00 мгN/дм), com elevado teor de azoto nítrico em 2008 - 1,58±0,17 мгN/дм (Quadro 4).

Quadro 4 **Dinâmica dos indicadores da atividade nitrificante e do** teor de ferro e cobre na água da albufeira de Karachunovskoye no período 2008-2012.

Anos	Azoto amoniacal, мгN/дм^3	Azoto nitrito, мгN/дм^3	Azoto nítrico, мгN/дм^3	Ferro, mg/dm^3	Cobre, mg/dm^3
Valor médio do indicador, M±m					
2008	0,20±0,02 Me = 0,2 (25-75) % CI 0,125-0,275	0,058±0,030 Me = 0,02 (25-75) % CI 0,02-0,043	1,58±0,17 Me = 1,5 (25-75) % CI 1,175-1,9	0,026±0,003 Me = 0,02 (25-75) % CI 0,02-0,03	0,0056±0,001 Me = 0,005 (25-75) % DI 0,0025-0,0082
2009	0,22±0,02 Me = 0,22 (25-75) %DI 0,15-0,25	0,033±0,009 Me = 0,02 (25-75) % CI 0,02-0,031	1,23±0,16 Me = 1,15 (25-75) % CI 0,835-1,65	0,024±0,009 Me = 0,02 (25-75) % CI 0,02-0,03	0,0076±0,0026 Me = 0,005 (25-75) % CI 0,0025-0,0082
2010	0,208±0,023 Me = 0,185 (25-75) % CI 0,145-0,255	0,061±0,021 Me = 0,03 (25-75) % CI 0,02-0,0565	1,204±0,199 Me = 0,975 (25-75) % CI 0,59-1,8	0,342±0,003 Me = 0,035 (25-75) % CI 0,02-0,045	0,0025±0,0005 Me = 0,002 (25-75) % CI 0,001-0,004
2011	0,393±0,025 Me = 0,365 (25-75) % CI 0,335-0,43	0,033±0,010 Me = 0,02 (25-75) % CI 0,02-0,025	1,002±0,076 Me = 0,955 (25-75) % CI 0,8-1,14	0,060±0,009 Me = 0,055 (25-75) % CI 0,04-0,065	0,0027±0,0006 Me = 0,002 (25-75) % CI 0,001-0,004
2012	0,373±0,025 Me = 0,38 (25-75) %DI 0,31-0,425	0,030±0,006 Me = 0,02 (25-75) % CI 0,02-0,03	1,09±0,13 Me = 0,94 (25-75) % CI 0,735-1,365	0,083±0,021 Me = 0,055 (25-75) % CI 0,04-0,11	0,0031±0,0006 Me = 0,0025 (25-75) % CI 0,001-0,005
Médias anuais para o período de 5 anos					
2008 - 2012	0,262±0,013 Me = 0,26 (25-75) %DI 0,18-0,32	0,043±0,008 Me = 0,02 (25-75) % CI 0,02 - 0,033	1,223±0,071 Me = 1,1 (25-75) % CI 0,81 - 1,55	0,045±0,005 Me = 0,03 (25-75) % CI 0,02 - 0,05	0,014±0,006 Me = 0,008 (25-75) % CI 0,005 - 0,0225

Notas. M - valores médios, m - erros da média, Me - mediana **(Me), IC - intervalo de confiança 25-75%.**

[33]Estabeleceu-se a tendência de aumento do teor médio de ferro na água da albufeira em 2008-2012, ultrapassando o MAC (0,3 mg/dm) 1,14 vezes em 2010 (0,342±0,003 mg/dm). [3]Também se registou uma alteração na classe da água da fonte superficial: classe 1 em 2008-2010 e classe 2 em 20112012 , com o teor de ferro a variar entre 0,060±0,009 e 0,083±0,021 mg/dm . [33]O cádmio na água foi detectado abaixo do CMA (<0,001 mg/dm) em todos os anos de observação, sendo que a fonte de abastecimento de água corresponde à classe 3 (0,6-5,0 µg/dm).

^{333}Na água da albufeira de Karachunovskoye, durante o período 2008-2012, registou-se uma diminuição de 1,8 vezes no teor de cobre: de 0,0056±0,001 para 0,0031±0,0006 mg/dm , mas os compostos deste elemento químico não excederam o valor MAC (1,0 mg/dm) e a qualidade da água correspondeu à classe 2 (1-25 μg/dm). ^{33}O flúor na água da albufeira não excedeu o valor MAC (0,7 mg/dm), e a qualidade da água correspondeu à classe 1 (<700 μg/dm). ^{3}Durante o período de observação de 5 anos, registou-se uma diminuição de 1,18 vezes nos compostos de flúor: de 0,313±0,021 para 0,266±0,164 mg/dm , com o valor mais elevado em 2009. ^{3}- 0,332±0,021 mg/dm . ^{33}O teor de crómio não excedeu o CMA (0,5 mg/dm) e foi consistentemente <0,001 mg/dm . ^{3}De acordo com a média anual de compostos de crómio (0,030±0,006 mg/dm), a água pertencia à classe 1. ^{3}Foi observada uma tendência semelhante para os fenóis voláteis, que se situaram abaixo do CMA (<0,001 mg/dm) em 20082012 (classe de qualidade 1).

^{3}Relativamente ao teor de compostos de silício, verificou-se uma tendência acentuada para a sua diminuição de 2008 a 2012, de 6,175±1,414 para 5,725±1,519 mg/dm . Em alguns anos verificou-se um excesso do padrão higiénico desta substância química: em 2009 (1,14 MPC), em 2010 (1,27 MPC), em 2011 (1,05 MPC), com o valor mais elevado de ácido silícico em 2010. ^{3}- 12,683±0,751 mg/dm . ^{3}O teor de polifosfato na água foi muito inferior ao MAC (3,5 mg/dm), com uma tendência decrescente em 2008-2012. No entanto, o nível mais elevado de polifosfatos foi detectado em 2008. ^{33}- 0,53±0,05 mg/dm , com uma diminuição gradual destes compostos a partir do início de 2011 - 0,14±0,03 mg/dm .

^{33}Os SPAVs de 2008 a 2009 estavam ao nível de (<0,001 mg/dm), a água pertencia à classe 1 (<10 μg/dm). ^{3}Nos anos seguintes de observação, a água pertencia à classe 2 de qualidade, uma vez que o teor de SPAV diminuiu 1,47 vezes: de 0,047±0,012 em 2011 para 0,032±0,009 mg/dm em 2012. ^{3}Os produtos petrolíferos nunca excederam o valor MAC (0,3 mg/dm). ^{3}Durante o período de observação de 5 anos foi revelada a dinâmica de diminuição do teor destes compostos em 1,2 vezes na água da albufeira: de 0,113±0,009 para 0,094±0,007 mg/dm , com o valor mais elevado em 2012. ^{3}Assim, a água da albufeira de Karachunovskoye, em termos de teor de produtos petrolíferos, pertence à classe de qualidade 3 (51-200 μg/dm).

Na água da albufeira de Karachunovskoye, durante um longo período de observação (de 1965 a 2012), observou-se uma tendência desfavorável para o aumento da composição salina, da dureza total, do resíduo seco, dos sulfatos e dos cloretos.Foi observada uma tendência desfavorável para o aumento da composição salina, da dureza total, do teor de resíduos secos, dos sulfatos e dos cloretos, causada pela descarga sistemática de água de mina altamente mineralizada das empresas mineiras da cidade de Krivoy Rog nos rios Ingulets e Saksagan e pela subsequente poluição do reservatório de

Karachunovskoye - a principal fonte de abastecimento centralizado de água doméstica e potável para 94% da população urbana. De um modo geral, em termos de composição salina, a água da albufeira de Karachunovskoye pertencia, em alguns anos de observação, à 4ª classe de qualidade das massas de água de superfície, como "medíocre, utilizável de forma limitada, qualidade indesejável".

Uma caraterística da zona de urbanização de Krivoy Rog é a presença de metais pesados prioritários (Mo, Mg, Cd, Ni, Zn, Fe, Cu, Pb, Cr) nas fontes de água, causada pela extração intensiva de minério de ferro. [33]Por exemplo, o teor médio de ferro em 2010 foi de 0,342±0,003 mg/dm , excedendo o valor MAC (0,3 mg/dm) 1,14 vezes. O teor médio de manganês excedeu o padrão higiénico em 2008-2010 (MPC 1,42, 1,3 e 1,54, respetivamente), o que se deve ao elevado teor de fundo deste elemento químico em objectos ambientais da cidade industrial e à descarga anual de água de mina altamente mineralizada nas fontes de água locais.

SECÇÃO 3: MORBILIDADE DOS RESIDENTES RURAIS EM ALGUMAS ZONAS DO OBLAST DE DNEPROPETROVSK (POR NÍVEIS DE INDICADORES MÉDIOS ANUAIS)

Caraterísticas da taxa de morbilidade entre a população adulta em taxa separados da região de Dnipropetrovsk para (2008 - 2013) anos

O peso específico mais elevado das doenças infecciosas e parasitárias foi encontrado na população adulta dos taxa 1 (2,70 %) e 6 (2,60 %). Conforme apresentado na Fig. 7, a taxa de incidência mais baixa de doenças da classe I foi observada de forma fiável na população adulta do taxon 4: (72,98±6,05) ‱ ($p < 0,001$), com taxas de crescimento negativas caraterísticas tanto por distritos (-39,1 %) como por região (-75,0 %).

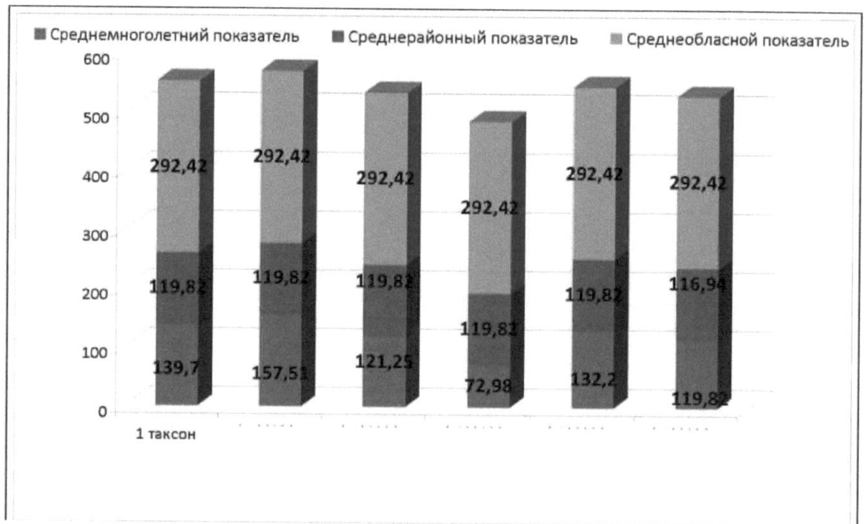

Figura 7: Incidência de doenças infecciosas e parasitárias na população adulta, de acordo com o nível dos indicadores médios anuais, em taxa individuais da região de Dnipropetrovsk durante 2008-2013 (casos por 10 000 habitantes).

Foi encontrada uma intensidade elevada da classe I de doenças entre a população rural do taxon 2: (157,51±22,47) ‱ ($p < 0,001$), com um excesso da taxa média de morbilidade regional de 1,31 vezes. A taxa de crescimento das doenças infecciosas e parasitárias no 2º táxon por distritos foi de +31,4 %, por região -46,1 %. Também se verificou uma tendência semelhante na incidência de anemia entre os residentes adultos de cada taxa no Oblast de Dnipropetrovsk (Fig. 8).

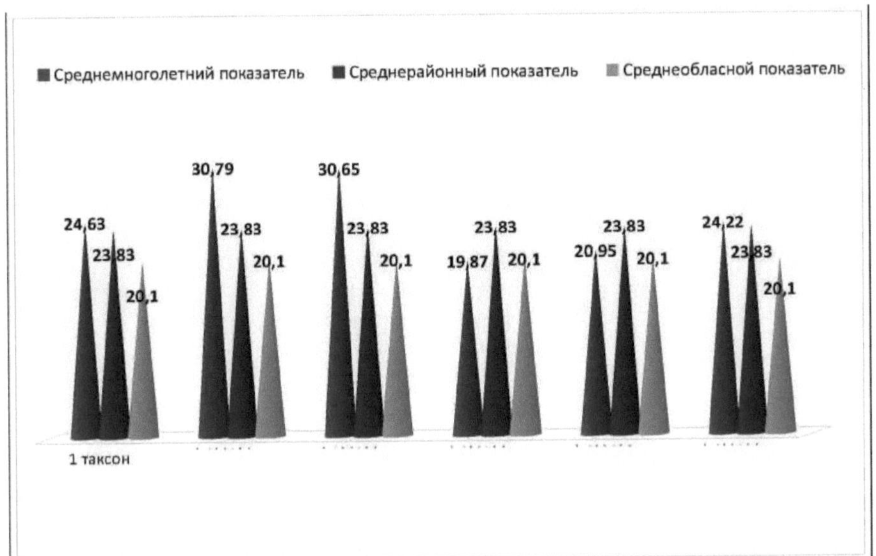

Figura 8. Incidência de anemia na população adulta, de acordo com os níveis das médias de longo prazo, em taxa individuais da região de Dnipropetrovsk durante 2008 -2013 (casos por 10 000 habitantes).

00A maior intensidade de anemia foi observada entre os residentes rurais do taxon 2: (30,79±5,62) % , sendo o número de casos de incidência da classe III de doenças (D50-D53) 1,29 vezes superior à média distrital, 1,53 vezes superior ao nível da taxa de incidência média regional. No taxon 2, foram registadas taxas de crescimento positivas desta classe de doenças, tanto por distrito (+29,2%) como por região (+53,2%). A figura 9 mostra as taxas de crescimento da morbilidade por anemia entre os residentes rurais de cada taxa em Dnipropetrovsk Oblast.

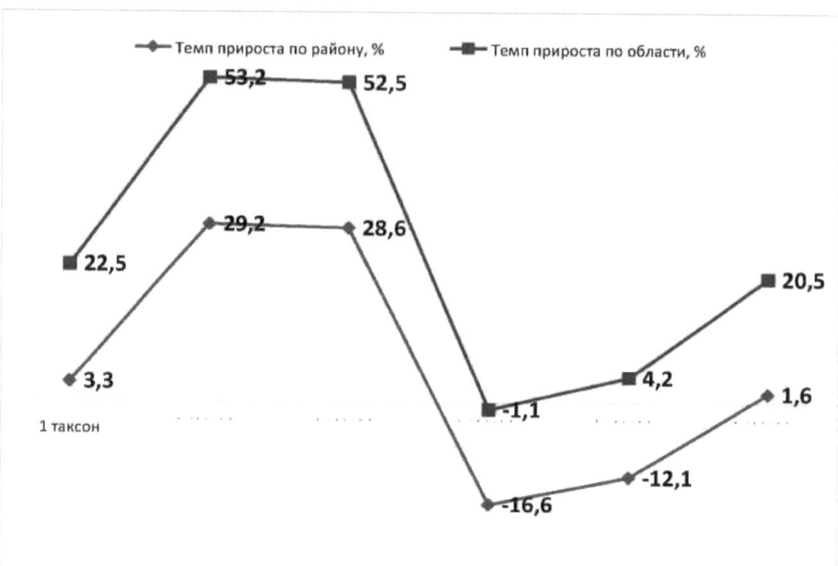

Figura 9: Taxas de crescimento da anemia entre adultos em taxa selecionados da região de Dnipropetrovsk durante 2008 - 2013.

Assim, de acordo com a taxa de aumento na classe III de doenças (D50-D53), o número de casos de anemia aumentou rapidamente entre os residentes rurais das taxas 1 a 3, com uma tendência caraterística para diminuir a anemia entre os adultos das taxas 4 e 5 e uma taxa de aumento positiva caraterística entre os residentes da taxa 6, em média nos distritos e na região.

Na estrutura de todas as doenças, o peso específico da colelitíase varia entre 0,12% no taxon 1 e 0,16% no taxon 6. As taxas de crescimento mais elevadas da classe de doenças XI foram observadas no taxon 3, tanto por distritos (+24,7%) como por oblast (+0,8%). A taxa de incidência mais baixa de colelitíase foi encontrada de forma fiável entre os residentes adultos do taxon 1: (6,08±0,55) ‰o (p < 0,001), com taxas de crescimento negativas que variaram entre -21,2 e -36,3 % por distritos e por região, respetivamente (Fig. 10).

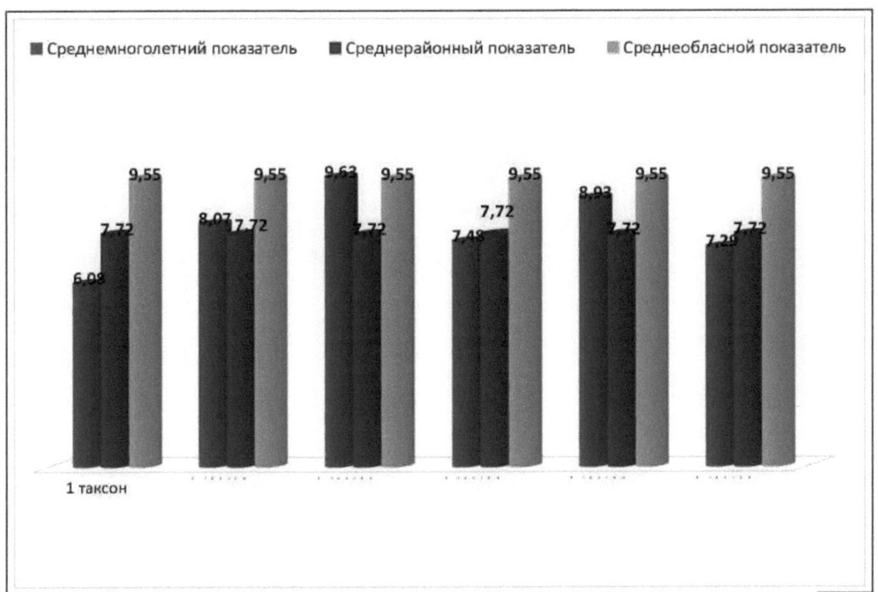

Figura 10. Incidência da população adulta com colelitíase, de acordo com os níveis das médias de longo prazo, em taxas separadas da região de Dnipropetrovsk durante 2008-2013 (casos por 10 000 habitantes).

A intensidade das taxas de morbilidade da classe de doenças XI excedeu o nível das taxas médias anuais entre os residentes rurais de 2, 3, 5 taxa, respetivamente, em 1,04; 1,25 e 1,16 vezes. E apenas entre os residentes do taxon 3 o nível de morbilidade desta classe de doenças foi significativamente mais elevado (9,63±0,54) ‱ (p<0,05) em comparação com o indicador regional médio (9,55±0,30) ‱ em 1,0 vezes.

A taxa de incidência de artropatia salina entre a população adulta foi mais elevada nos táxons 2, 3 e 4: (1,50 - 1,61) vezes; (2,95 - 3,17) vezes; (1,10 - 1,18) vezes do que as médias do distrito e do oblast (Fig. 11). A taxa de crescimento positiva mais elevada para a classe XIV de doenças (N25-N29) entre todos os tipos de taxa foi observada entre os residentes rurais no taxon 3: +194,9% (por distritos), +216,8% (por região).

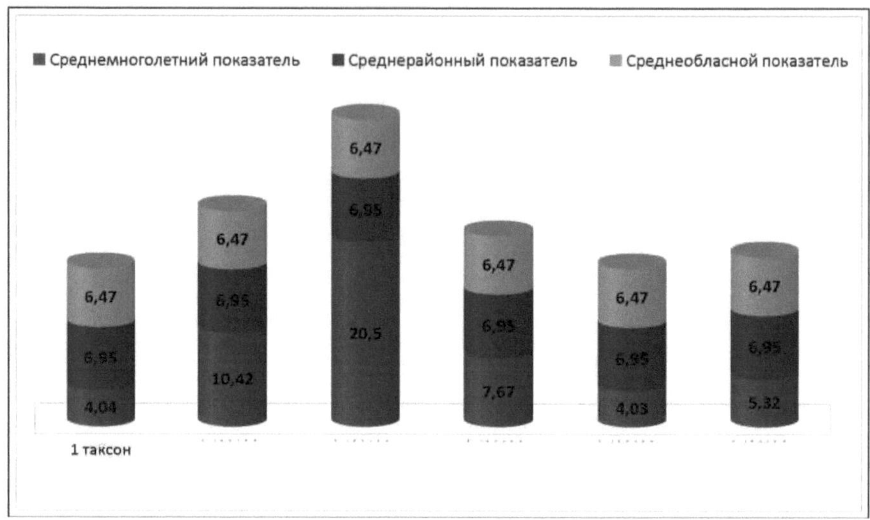

Figura 11. Incidência de artropatia salina na população adulta, de acordo com os níveis das médias de longo prazo, em taxa individuais da região de Dnipropetrovsk durante 2008-2013 (casos por 10 000 habitantes).

ooObserva-se uma tendência completamente diferente na taxa de morbilidade da população adulta de cálculos renais e ureteres, com o nível de intensidade mais baixo da classe XIV de doenças (N17-N19) nos taxa 3 e 4: de (9,58±0,73) para (7,03±0,51) % ($p < 0,001$). O nível mais elevado de morbilidade desta classe de doenças foi determinado entre os residentes rurais do taxon 2: (18,03±3,52)‱, excedendo os indicadores médios regionais e médios do oblast em 1,61 - 1,11 vezes (Fig. 12). Ao mesmo tempo, as taxas de crescimento positivo de cálculos renais e ureteres foram: +61,4% por distritos e +10,9% por região. O peso específico da classe XIV de doenças (N17-N19) em taxas separadas da região foi: 0,23% (nas taxas 1 e 5); 0,31% (na taxa 2); 0,16% (nas taxas 3 e 4); 0,26% (na taxa 6).

Foram observadas taxas negativas de aumento da incidência de cálculos renais e ureterais nos taxa 3 e 4, tanto por distrito como por região: no intervalo de -14,2 a -41,0 % no taxa 3; de -37,1 a -56,7 % no taxa 4.

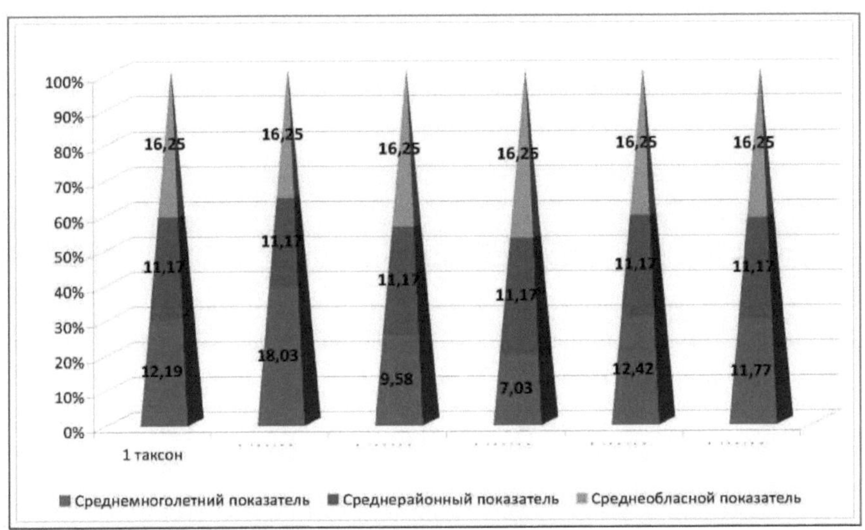

Figura 12. Incidência da população adulta com cálculos renais e ureterais, de acordo com os níveis dos indicadores médios anuais, em taxas separadas da região de Dnipropetrovsk durante 2008-2013 (casos por 10 000 habitantes).

Relativamente às doenças da pele e do tecido subcutâneo, foi revelada uma tendência de crescimento negativo em todos os taxa ao nível dos indicadores médios dos oblast, enquanto foram observadas taxas de crescimento positivas nos taxa 2, 3 e 5, em média por distrito: +20,4%; +74,4%; +13,3%, respetivamente (Fig. 13).

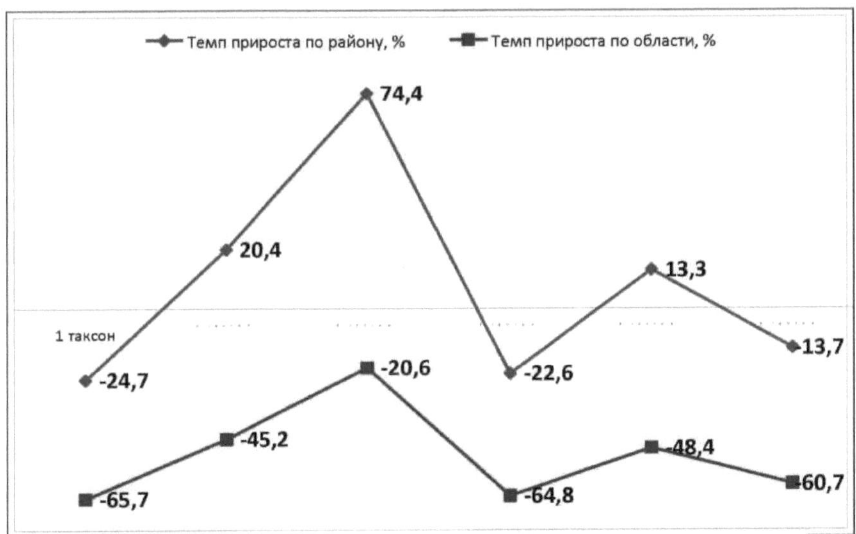

Figura 13: Taxas de crescimento das doenças da pele e do tecido subcutâneo em adultos, por

taxa, na região de Dnipropetrovsk, entre 2008 e 2013.

00 O nível mais elevado de morbilidade da XII classe de doenças foi revelado de forma fiável entre os habitantes rurais do taxon 3: (359,50±23,55) % (p<0,05), excedendo o índice médio regional em 1,74 vezes. Ao mesmo tempo, as taxas de crescimento no 3º taxon foram: +74,4 % (por distritos) e -20,6 % (por região). Na estrutura de todas as doenças, o peso específico mais elevado nesta classe de doenças é caraterístico do taxon 3 (5,90 %), o mais baixo - do taxon 1 (3,00 %). 0000 Também se verificou uma tendência semelhante nos índices intensivos: o maior número de casos da classe XII de doenças foi observado de forma fiável entre os habitantes adultos do taxon 3: (359,50±23,55) % (p<0,05), o menor - no taxon 1: (155,30±26,71) % (p<0,001).

A Fig. 14 mostra as perdas médicas, demográficas e económicas associadas ao impacto negativo dos factores ambientais. O peso específico do fator água atinge 7% na formação das perdas económicas: mais de 450 mil milhões de hryvnias por ano devido à morbilidade dos adultos; 18% causa o impacto negativo do fator água na morbilidade de mais de 6 milhões de casos de doenças de diferentes classes (circulatórias, respiratórias, digestivas, do sangue e do sistema imunitário, doenças infecciosas, etc.); 12% associado ao fator água causa 144 mil mortes (devido a doenças do sistema circulatório, respiratório, neoplasias, etc.) [47 - 49]. [47 - 49].

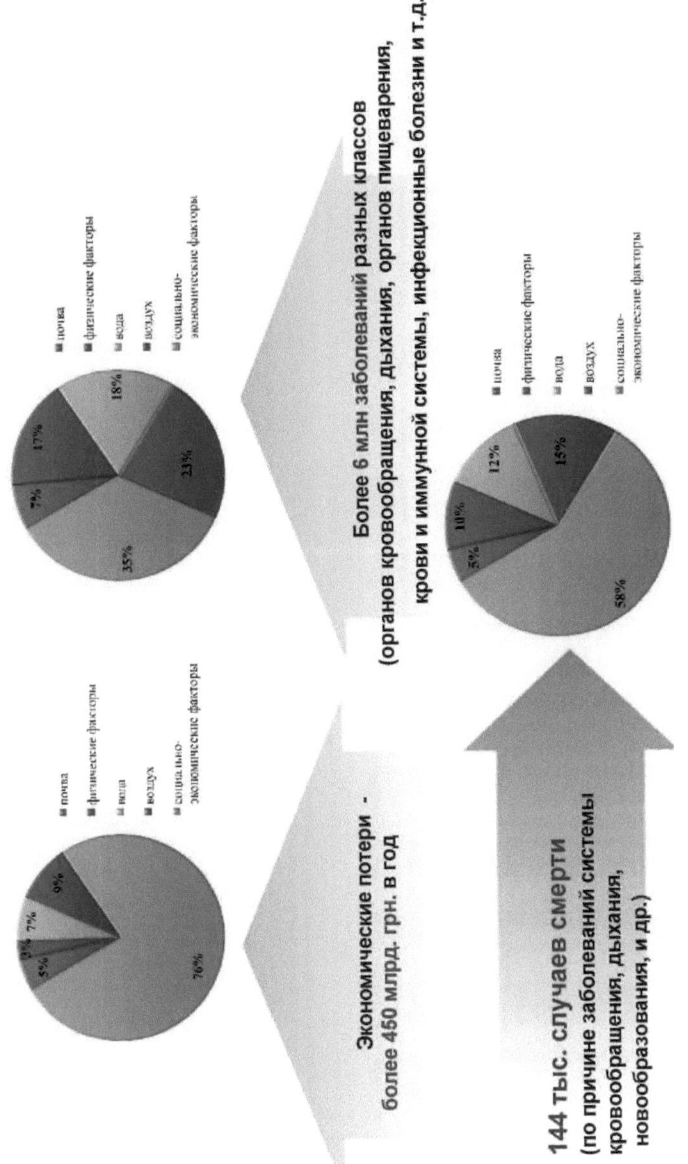

Figura 14: Perdas médico-demográficas e económicas associadas ao impacto negativo dos factores ambientais.

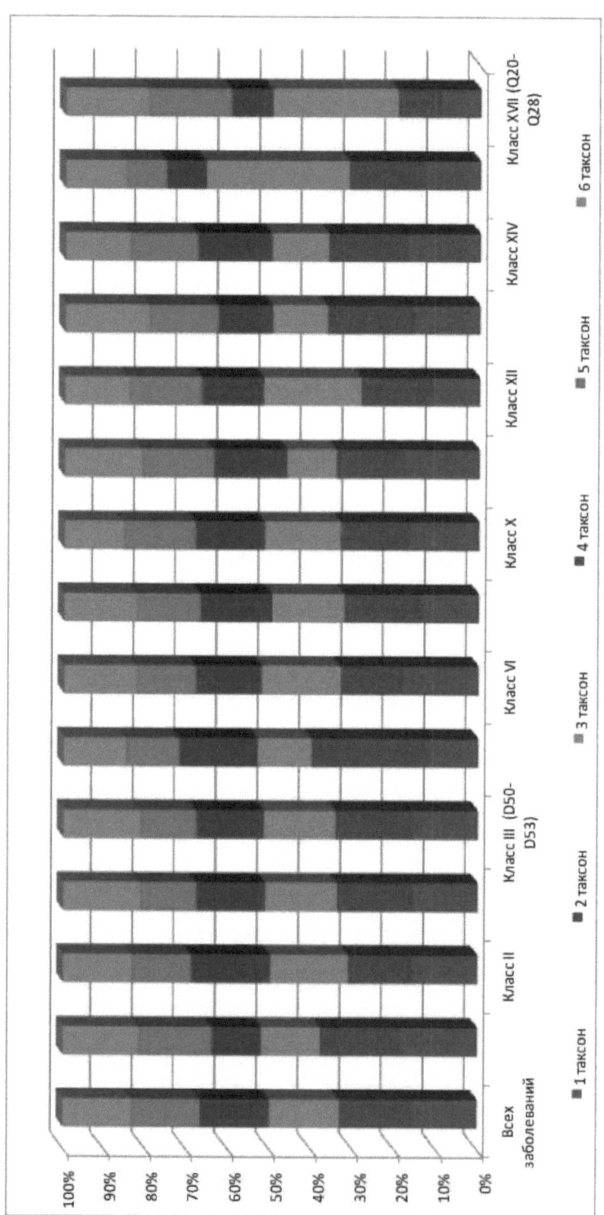

Figura 15. Estrutura da morbilidade dos adultos por taxa na região de Dnepropetrovsk, durante 2008-2013 (I, II, III, IV, VI, IX, IX, X, XI, XII, XIII, XIV, XVII) classes da CID - X.

SECÇÃO 4: CARACTERÍSTICAS COMPARATIVAS DOS INDICADORES DE QUALIDADE DA ÁGUA PRÉ-TRATADA DE DIFERENTES FABRICANTES PRODUZIDA NA ZONA DE URBANIZAÇÃO DE KRIVOY ROG E DA ÁGUA POTÁVEL DA TORNEIRA EM 1 TAXON RURAL (DISTRITO DE KRIVOY ROG)

Tendo analisado a qualidade da água potável da torneira consumida pela população rural do distrito de Krivoy Rog (1 táxon) e da água pré-tratada de diferentes fabricantes (Mizrakhin Ltd. e Anisimov Ltd.), produzida na zona de urbanização de Krivoy Rog, determinou a eficiência do pré-tratamento em termos de dureza total, resíduo seco, cloreto, sulfato, ferro, pH, Cu, Zn, Mn, F, Al, azoto amoniacal, nitrito e nitrato durante 2012 - 2014. Os resultados do nosso estudo indicam que o pré-tratamento da água potável diminuiu a dureza total durante todo o período de observação (Tabela 5).

[3]*Quadro 5* **Caraterísticas comparativas dos indicadores de qualidade da água potável da torneira em 1 taxon rural (distrito de Krivoy Rog) e da água potável pré-tratada de diferentes fabricantes em termos de dureza total, (mmol/dm)**

Anos	Água potável pré-tratada Mizrahin LLC	Água potável pré-tratada OOO Anisimov	Água potável da torneira em 1 táxon	Eficiência do pré-tratamento de água potável por Mizrakhin LLC	Eficiência do tratamento adicional da água potável da LLC Anisimov
2012	2,31±0,11	3,17±0,31	1001,88±72,28	433,5	315,7
2013	2,23±0,02	2,38±0,27	5,72±0,70	2,56	2,40
2014	3,84±0,13	2,79±0,46	5,34±0,85	1,39	1,91
p	p = 0,1991				

[12]Nota. p - nível de significância da eficiência do pré-tratamento da água potável da torneira de diferentes empresas - fabricantes pelo critério de Pearson χ - Pearson.

Assim, a eficiência do pré-tratamento da água para esse indicador variou de (433,5 a 315,7) MAC em 2012; de (2,56 a 2,40) MAC em 2013 e de (1,39 a 1,91) MAC em 2014, dependendo da empresa produtora (p = 0,199). Conforme apresentado na (Tabela 6), o pré-tratamento da água teve um efeito significativo na qualidade da água potável, pois o teor de resíduos secos diminuiu de 1,0 a 4,49 vezes para 2012 - 2014 (água pré-tratada Mizrahin LLC), e de 1,19 a 3,89 vezes (água pré-tratada Anisimov LLC). [3]Assim, na água pré-tratada do primeiro produtor, o teor de resíduo seco diminuiu em dinâmica 1,2 vezes para o mesmo período de observação: de (212,41±2,86) para (168,70±2,01) mg/dm . [3]Na água pré-tratada do segundo produtor, este indicador aumentou 1,08 vezes: de (180,12±11,99) para (194,70±10,07) mg/dm .

[3]*Tabela 6* **Caraterísticas comparativas dos indicadores de qualidade da água potável da torneira em 1 taxon rural (distrito de Krivoy Rog) e da água potável pré-tratada de diferentes empresas - produtores em resíduo seco, (mg/dm)**

Anos	Água potável pré-tratada Mizrakhin LLC	Água potável pré-tratada OOO Anisimov	Água potável da torneira em 1 táxon	Eficiência do pré-tratamento da água potável por Mizrahin LLC	Eficiência do tratamento adicional da água potável da LLC Anisimov
2012	212,41±2,86	180,12±11,99	213,94±36,06	1,0	1,19
2013	214,50±2,23	210,70±3,27	619,71±99,95	2,89	2,94
2014	168,70±2,01	194,70±10,07	757,33±8,74	4,49	3,89
p	p = 0,1991				

[12]Nota. p - nível de significância da eficiência do pré-tratamento da água potável da torneira de diferentes empresas - fabricantes pelo critério de Pearson χ - Pearson.

Como pode ser visto (tab. 7), a eficiência do pré-tratamento da água potável da empresa produtora "Mizrahin" LLC foi significativamente (p <0,05) maior para o teor de cloreto: (26,4 MPC) em 2012, (10,5 MPC) em 2013, (2,85 MPC) em 2014, em comparação com a água pré-tratada do fabricante "Anisimov" LLC: (9,74 MPC) em 2012, (5,53 MPC) em 2013, (6,21 MPC) em 2014.

Quadro 7

[3]**Caraterísticas comparativas dos indicadores de qualidade da água potável da torneira em 1 taxon rural (distrito de Krivoy Rog) e da água potável pré-tratada de diferentes fabricantes por teor de cloreto, (mg/dm)**

Anos	Água potável pré-tratada Mizrahin LLC	Água potável pré-tratada OOO Anisimov	Água potável da torneira em 1 táxon	Eficiência do pré-tratamento da água potável por Mizrahin LLC	Eficiência do tratamento adicional da água potável da LLC Anisimov
2012	8,87±0,26	25,00±5,96	243,45±49,18	26,4	9,74
2013	8,49±0,18	16,20±3,30	89,59±16,25	10,5	5,53
2014	40,80±0,03	18,70±0,25	116,20±24,26	2,85	6,21
p	p = 0,1991; p < 0,05[2]				

Nota. [22]1p - nível de significância da eficiência do pré-tratamento **da água potável da torneira de diferentes empresas - fabricantes pelo critério do χ - Pearson; - pela análise de variância ANOVA de um fator (p < 0,05).**

Para o teor de sulfato, a eficiência do pré-tratamento variou dentro de (3,04 - 2,03) MAC e de (1,24 a 2,81) MAC para 2012 - 2014, com a maior redução deste indicador em 2013 (Tabela 8). [3]Assim, o teor de sulfato diminuiu por um fator de (9,9 a 10,5) após o pré-tratamento da água por ambas as empresas produtoras, uma vez que o teor mais elevado deste indicador foi encontrado na água potável da torneira de 1 táxon da aldeia em 2013: (223,76±41,64) mg/dm . Ao mesmo tempo, o conteúdo de sulfatos flutuou na água potável após o seu tratamento adicional por diferentes fabricantes, e nunca excedeu o MAC. [33]Em 2012, foram registados sulfatos na água pré-tratada da Mizrahin Ltd. a uma concentração de (21,92±1,32) mg/dm , enquanto em 2014 a (51,48±0,26) mg/dm

. [3]Foi encontrada uma tendência semelhante na água pré-tratada da "Anisimov" LLC, com o valor mais elevado deste indicador em 2012: 53,68±12,54 mg/dm .

Quadro 8

[3]Caraterísticas comparativas dos indicadores de qualidade da água potável da torneira em 1 taxon rural (distrito de Krivoy Rog) e da água potável pré-tratada de diferentes fabricantes em termos de teor de sulfato, (mg/dm)

Anos	Água potável pré-tratada Mizrahin LLC	Água potável pré-tratada OOO Anisimov	Água potável da torneira em 1 táxon	Eficiência do pré-tratamento da água potável por Mizrahin LLC	Eficiência do tratamento adicional da água potável da LLC Anisimov
2012	21,92±1,32	53,68±12,54	66,65±2,22	3,04	1,24
2013	22,48±0,33	21,38±1,23	223,76±41,64	9,95	10,46
2014	51,48±0,26	37,18±1,37	104,37±3,50	2,03	2,81
p	p = 0,1991				

Nota. 1p - nível de significância da eficiência do pós-tratamento
[2]água potável da torneira de diferentes fabricantes pelo critério do χ de Pearson.

Na água da torneira de 1 táxon, o teor de sulfato foi o mais elevado em todos os anos de observação, em comparação com a qualidade da água potável pré-tratada. Na água pré-tratada de 1 produtor (LLC "Mizrahin") em 2012, o teor de sulfato foi 3,04 vezes menor do que na água da torneira; em 2013, foi 10 vezes menor; em 2014, foi 2,02 vezes menor do que na água da torneira de 1 táxon (p = 0,199). Na água pré-tratada de 2 produtores (LLC "Anisimov"), o teor de sulfato foi 1,2 vezes menor do que na água da torneira; em 2013 - 10,5 vezes menor; em 2014 - 3,0 vezes menor. O mais eficaz foi o tratamento adicional da água potável da torneira de 1 táxon em termos de teor de ferro em 2012 (Tabela 9).

Quadro 9

[3]Caraterísticas comparativas dos indicadores de qualidade da água potável da torneira em 1 taxon rural (distrito de Krivoy Rog) e da água potável pré-tratada de diferentes fabricantes por teor de ferro, (mg/dm)

Anos	Água potável pré-tratada Mizrahin LLC	Água potável pré-tratada OOO Anisimov	Água potável da torneira em 1 táxon	Eficiência do pré-tratamento da água potável por Mizrahin LLC	Eficiência do tratamento adicional da água potável da LLC Anisimov
2012	<0,2	<0,2	0,027±0,011	7,4	7,4
2013	<0,1	<0,2	<0,05	2	4
2014	<0,1	<0,1	0,06±0,01	1,6	1,6
p	p = 1,0001				

Nota. [2]1p - nível de significância da eficiência do pré-tratamento **da água potável da torneira de diferentes empresas - fabricantes pelo critério de Pearson χ - Pearson.**

A eficiência do pré-tratamento da água potável por este indicador aumentou 7,4 vezes em 2012,

2,0 vezes em 2013 e 1,6 vezes em 2014. [33]Ao mesmo tempo, o teor de ferro mais elevado na água da torneira foi de 0,06±0,01 mg/dm em 2014, enquanto na água pré-tratada foi significativamente inferior a 0,1 mg/dm .

Em 2012, o valor do pH foi (1,08 - 1,02) vezes menor nas amostras de água pré-tratada de ambos os fabricantes do que na água potável da torneira: 7,70±0,06, enquanto a eficiência do pré-tratamento aumentou em (1,09 - 1,02) vezes. Durante 2013 - 2014, na água pré-tratada do produtor "Mizrahin" LLC o valor do pH flutuou entre (1,07 - 1,05); enquanto que na água pré-tratada do segundo produtor - "Anisimov" LLC o pH diminuiu em (1,05 - 1,04) vezes. Como se pode ver na (Tabela 10), o valor mais elevado de pH na água da torneira foi registado em 2012 e foi de 7,70±0,06, enquanto o valor mais baixo foi registado em 2014: 7,24±0,05 (p = 0,223).

Quadro 10

Caraterísticas comparativas dos indicadores de qualidade da água potável da torneira em 1 taxon rural (distrito de Krivoy Rog) e da água potável pré-tratada de diferentes fabricantes por valor de pH

Anos	Água potável pré-tratada Mizrahin LLC	Água potável pré-tratada OOO Anisimov	Água potável da torneira em 1 táxon	Eficiência do pré-tratamento da água potável por Mizrahin LLC	Eficiência do tratamento adicional da água potável da Anisimov LLC
2012	7,09±0,02	7,52±0,14	7,70±0,06	1,09	1,02
2013	7,12±0,16	7,05±0,17	7,66±0,04	1,07	1,09
2014	7,59±0,07	7,52±0,12	7,24±0,05	1,05	1,04
p	p = 0,2231				

Nota. ^{2}1p - nível de significância da eficiência do pré-tratamento **da água potável da torneira de diferentes empresas - fabricantes pelo critério de Pearson χ - Pearson.**

Os resultados do nosso estudo indicam uma melhoria na qualidade da água potável pré-tratada em termos de conteúdo de TM (Cu, Zn, Mn), conforme apresentado nas (Tabelas 11 - 13). Assim, após o pré-tratamento da água potável pelo fabricante "Mizrahin" Ltd. durante 2012 - 2014, o teor de cobre diminuiu de (3,65 para 4,4) vezes, o zinco diminuiu de (15,3 para 1,5) vezes, o manganês flutuou dentro de (12,5 - 13) vezes. A eficiência do pré-tratamento da água do segundo produtor - LLC "Anisimov" no conteúdo destas TMs também aumentou: Cu - em (1,38 - 1,68) vezes, Zn - em (7,14 - 2,2) vezes, Mn - em (1,85 - 2,08) vezes.

Quadro 11

[3]Caraterísticas comparativas dos indicadores de qualidade da água potável da torneira em 1 taxon rural (distrito de Krivoy Rog) e da água potável pré-tratada de diferentes fabricantes por teor de cobre, (mg/dm)

Anos	Água potável pré-tratada Mizrahin LLC	Água potável pré-tratada OOO Anisimov	Água potável da torneira em 1 táxon	Eficiência do pré-tratamento da água potável por Mizrahin LLC	Eficiência do tratamento adicional da água potável da Anisimov LLC
2012	0,11±0,03	0,040±0,012	0,029±0,016	3,65	1,38
2013	0,0994±0,0006	0,085±0,009	0,016±0,008	6,19	5,31
2014	0,0053±0,0046	0,037±0,001	0,022±0,002	4,4	1,68
p	p = 0,1991				

Nota. 1p - nível de significância da eficiência do pós-tratamento

[2]água potável da torneira de diferentes fabricantes pelo critério do χ de Pearson.

Quadro 12

[3]Caraterísticas comparativas dos indicadores de qualidade da água potável da torneira em 1 taxon rural (distrito de Krivoy Rog) e da água potável pré-tratada de diferentes fabricantes por teor de zinco, (mg/dm)

Anos	Água potável pré-tratada Mizrahin LLC	Água potável pré-tratada OOO Anisimov	Água potável da torneira em 1 táxon	Eficiência do pré-tratamento da água potável por Mizrahin LLC	Eficiência do tratamento adicional da água potável da LLC Anisimov
2012	0,15±0,01	0,0014±0,0088	<0,01	15,3	7,14
2013	0,0278±0,0069	0,046±0,012	0,024±0,003	1,16	1,92
2014	0,015±0,001	0,0045±0,0007	<0,01	1,5	2,2
p	p = 0,1991				

[1]Nota. p - nível de significância da eficiência do pós-tratamento

[2]água potável da torneira de diferentes fabricantes pelo critério do χ de Pearson.

Quadro 13

[3]Caraterísticas comparativas dos indicadores de qualidade da água potável da torneira em 1 taxon rural (distrito de Krivoy Rog) e da água potável pré-tratada de diferentes fabricantes em termos de teor de manganês, (mg/dm)

Anos	Água potável pré-tratada Mizrahin LLC	Água potável pré-tratada OOO Anisimov	Água potável da torneira em 1 táxon	Eficiência do pré-tratamento da água potável por Mizrahin LLC	Eficiência do tratamento adicional da água potável da LLC Anisimov
2012	<0,05	0,027±0,010	<0,05	0	1,85
2013	0,004±0,003	0,054±0,027	<0,05	12,5	1,08
2014	0,0043±0,0005	0,025±0,005	0,052±0,002	13	2,08
p	p = 0,1991				

Nota. 1p - nível de significância da eficiência do pós-tratamento

[2]água potável da torneira de diferentes fabricantes pelo critério do χ de Pearson.

É de salientar o facto de o teor de TM (Cu, Zn, Mn) na água potável pré-tratada de ambas as empresas produtoras ser significativamente inferior ao da água da torneira de 1 táxon (Figs. 16, 17, 18).

Em 2014, o teor de manganês foi (12 - 2,08) vezes menor na água pré-tratada do que na água potável da torneira, enquanto a eficiência do pré-tratamento aumentou (13 - 2,08) vezes. Uma tendência semelhante foi determinada para o teor de cobre em 2014. Este TM na água pré-tratada da empresa - fabricante LLC "Mizrahin" foi 4,1 vezes menor do que na água da torneira.

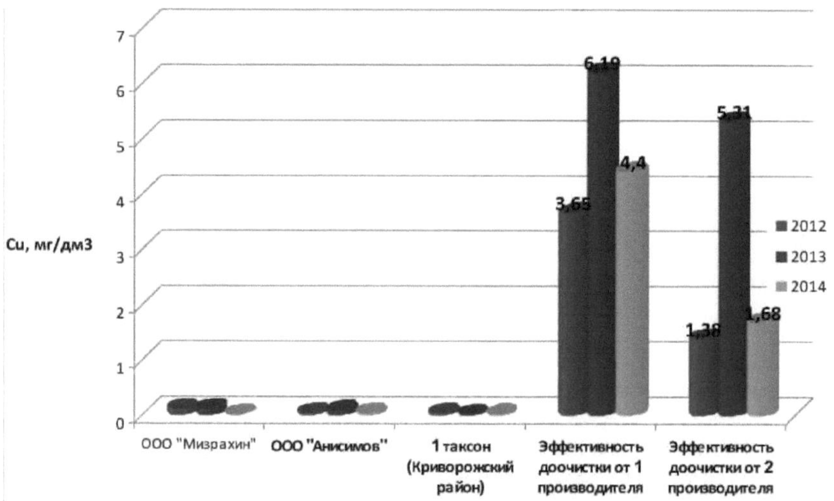

Figura 16. Caracterização comparativa da qualidade da água da torneira no distrito de Krivoy Rog e da água potável pré-tratada de diferentes fabricantes por teor de cobre.

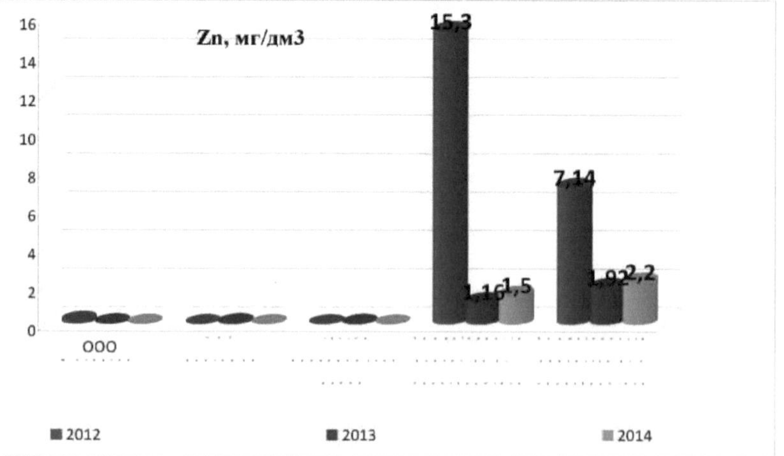

Figura 17. Caracterização comparativa da qualidade da água da torneira no distrito de Krivoy Rog e da água potável pré-tratada de diferentes fabricantes em termos de teor de zinco.

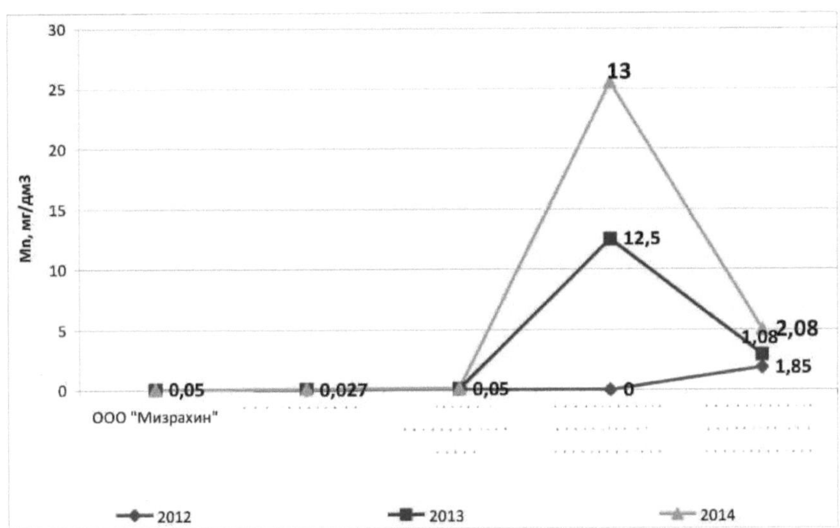

Figura 18. Caracterização comparativa da qualidade da água da torneira no distrito de Krivoy Rog e da água potável pré-tratada de diferentes fabricantes em termos de teor de manganês.

Relativamente ao flúor, a eficiência do pré-tratamento aumentou em (1,33 - 8,62) vezes na água potável de 1 produtor (Mizrakhin LLC), em (1,22 - 8,62) vezes na água de 2 produtores (Anisimov LLC) (Tabela 14).

Quadro 14

[3]Caracterização comparativa dos indicadores de qualidade da água potável da torneira em 1 taxon rural e da água pré-tratada de diferentes fabricantes em termos de teor de fluoreto (mg/dm)

Anos	Água potável pré-tratada Mizrahin LLC	Água potável pré-tratada OOO Anisimov	Água potável da torneira em 1 táxon	Eficiência do pré-tratamento de água potável por Mizrahin LLC	Eficiência do tratamento adicional da água potável da Anisimov LLC
2012	0,13±0,06	<0,08	0,098±0,018	1,33	1,22
2013	<0,08	<0,08	0,20±0,13	2,5	2,5
2014	<0,08	<0,08	0,69±0,01	8,62	8,62
p	p = 0,1991				

[1]Nota. p - nível de significância da eficiência do pós-tratamento
[2]água potável da torneira de diferentes fabricantes pelo critério do χ de Pearson.

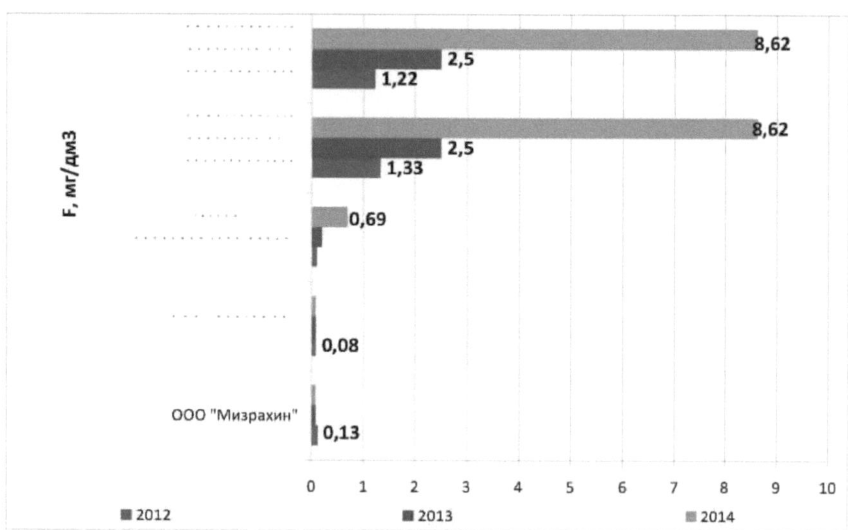

Figura 19. Caracterização comparativa da qualidade da água da torneira no distrito de Krivoy Rog e da água potável pré-tratada de diferentes fabricantes em termos de teor de fluoreto.

[33]Conforme apresentado na (Fig. 19), o maior teor de fluoreto foi encontrado na água potável da torneira de 1 táxon em 2014: 0,69±0,01 mg/dm , enquanto na água pré-tratada por ambos os produtores em alguns anos de observação este indicador estava no nível < 0,08 mg/dm . [3]O baixo teor de alumínio < 0,04 mg/dm para todos os anos de observação na água pré-tratada por ambos os fabricantes é digno de nota (Tabela 15).

Quadro 15

[3]Caraterísticas comparativas dos indicadores de qualidade da água potável da torneira em 1 taxon rural (distrito de Krivoy Rog) e da água potável pré-tratada de diferentes fabricantes por teor de alumínio, (mg/dm)

Anos	Água potável pré-tratada Mizrahin LLC	Água potável pré-tratada OOO Anisimov	Água potável da torneira em 1 táxon	Eficiência do pré-tratamento da água potável por Mizrahin LLC	Eficiência do tratamento adicional da água potável da Anisimov LLC
2012	< 0,04	< 0,04	< 0,05	1,25	1,25
2013	< 0,04	< 0,04	0,20±0,09	5,0	5,0
2014	< 0,04	< 0,04	0,13±0,05	3,25	3,25
p	p = 0,1991				

Nota. 1p - nível de significância da eficiência do pós-tratamento
[2]água potável da torneira de diferentes fabricantes pelo critério do χ de Pearson.

Em geral, a água potável pré-tratada, bem como a água da torneira, não cumprem os requisitos da norma GOST 7525:2014 [50], uma vez que o alumínio deve estar ausente na água de abastecimento descentralizado de água potável (não embalada e embalada). Foram detectados vestígios da presença deste indicador tanto na água pré-tratada como na água da torneira. [3]Assim, na água potável de 1 táxon em anos separados de observação, o alumínio estava dentro dos limites: de (0,20±0,09) a (0,13±0,05) mg/dm , diminuiu na dinâmica em 1,5 vezes. Ao mesmo tempo, a eficiência do tratamento adicional da água potável de ambos os fabricantes aumentou em (1,25 - 3,25) vezes. O teor de alumínio mais elevado foi detectado na água da torneira em 2013, com a eficiência do pré-tratamento a aumentar 5,0 vezes (Fig. 20).

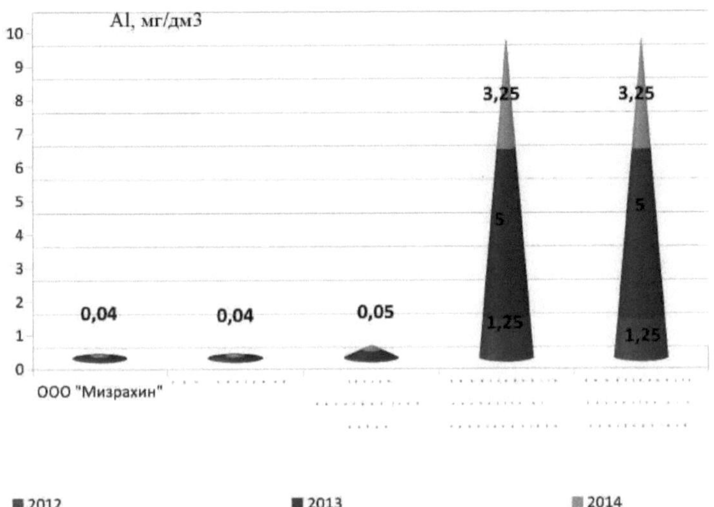

Figura 20. Caraterísticas comparativas da qualidade da água da torneira no distrito de Krivoy Rog e da água potável pré-tratada de diferentes fabricantes em termos de teor de alumínio.

Alguns índices de atividade nitrificante não responderam a requisitos do documento normativo GOST 7525:2014 [50] (Tabelas 16 - 18).

Quadro 16

[3]Caraterísticas comparativas dos indicadores de qualidade da água potável da torneira em 1 taxon rural (distrito de Krivoy Rog) e da água potável pré-tratada de diferentes fabricantes no que respeita ao teor de azoto amoniacal, (mg/dm)

Anos	Água potável pré-tratada Mizrahin LLC	Água potável pré-tratada OOO Anisimov	Água potável da torneira em 1 táxon	Eficiência do pré-tratamento da água potável por Mizrahin LLC	Eficiência do tratamento adicional da água potável da Anisimov LLC
2012	<0,05	<0,05	0,019±0,011	2,6	2,6
2013	<0,1	<0,1	0,22±0,06	2,2	2,2
2014	<0,1	<0,1	0,31±0,05	3,1	3,1
p	[1]p = 0,223 ; p <0,001[2]				

[122]Nota. p - nível de significância da eficiência do pré-tratamento da água potável da torneira de diferentes empresas - fabricantes pelo critério do χ - Pearson; - pela análise de variância ANOVA de um fator (p < 0,001).

Quadro 17

[3]Caraterísticas comparativas dos indicadores de qualidade da água potável da torneira em 1 taxon rural (distrito de Krivoy Rog) e da água potável pré-tratada de diferentes fabricantes no que respeita ao teor de nitritos, (mg/dm)

Anos	Água potável pré-tratada Mizrahin LLC	Água potável pré-tratada OOO Anisimov	Água potável da torneira em 1 táxon	Eficiência do pré-tratamento da água potável por Mizrahin LLC	Eficiência do tratamento adicional da água potável da LLC Anisimov
2012	<0,02	<0,02	15,45±0,04	772,5	772,5
2013	0,0	0,0	0,011±0,006	-	-
2014	0,0	0,0	0,031±0,014	-	-
p	p = 0,2231				

Nota. 1p - nível de significância da eficiência do pós-tratamento
[2]água potável da torneira de diferentes fabricantes pelo critério do χ de Pearson.

Quadro 18

[3]Caraterísticas comparativas dos indicadores de qualidade da água potável da torneira em 1 taxon rural (distrito de Krivoy Rog) e da água potável pré-tratada de diferentes fabricantes no que respeita ao teor de nitratos, (mg/dm)

Anos	Água potável pré-tratada Mizrahin LLC	Água potável pré-tratada OOO Anisimov	Água potável da torneira em 1 táxon	Eficiência do pré-tratamento de água potável por Mizrahin LLC	Eficiência do tratamento adicional da água potável da Anisimov LLC
2012	<0,5	<0,5	1,71±0,18	3,42	3,42
2013	<0,5	<0,5	<0,5	1,0	1,0
2014	<0,5	<0,5	1,07±0,39	2,14	2,14
p	p = 0,1991				

[1]Nota. p - nível de significância da eficiência do pós-tratamento
[2]água potável da torneira de diferentes fabricantes pelo critério do χ de Pearson.

[33]O nitrogênio amoniacal foi constantemente detectado na água pré-tratada de ambos os fabricantes em concentrações (<0,05 - 0,1) mg / dm, bem como na água potável da torneira na faixa de (0,019 ± 0,011) a (0,31 ± 0,05) mg / dm, com tendência a aumentar em 16,3 vezes durante 2012 - 2014. Ao mesmo tempo, foi demonstrada uma eficiência fiável do pré-tratamento da água potável de ambas as empresas - fabricantes em 2,6 - 3,1 vezes (p <0,001) (Fig. 21).

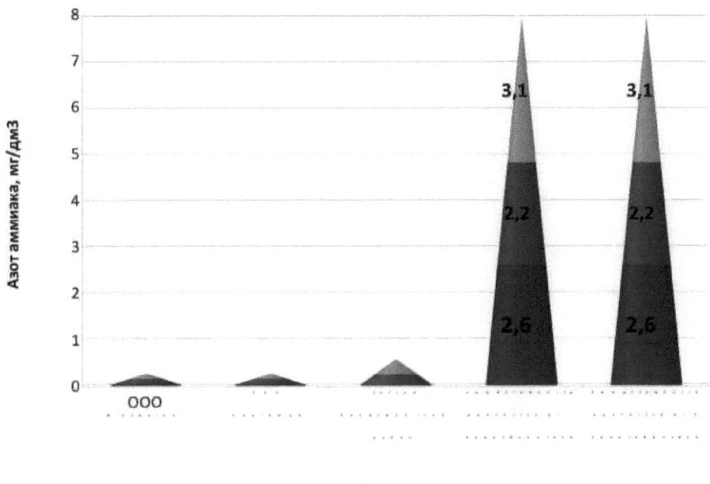

Figura 21. Caracterização comparativa da qualidade da água da torneira no distrito de Krivoy Rog e da água potável pré-tratada de diferentes fabricantes por teor de azoto amoníaco.

Os nitritos excederam o MAC na água da torneira de 1 táxon 772,5 vezes em 2012 e 1,5 vezes em 2014. [3]Na água pré-tratada de ambos os produtores, o nitrito estava dentro do MAC (< 0,02 mg/dm) em 2012, e estava ausente em 2013 - 2014 (p = 0,223) (Fig. 22).

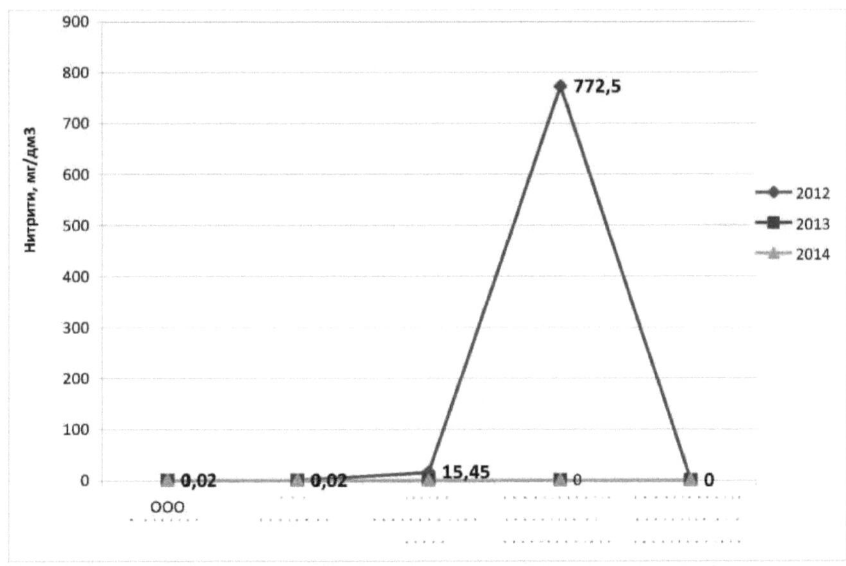

Figura 22. Caracterização comparativa da qualidade da água da torneira no distrito de Krivoy Rog e da água potável pré-tratada de diferentes fabricantes em termos de teor de nitritos.

O teor de nitrato na água pré-tratada e na água da torneira não excedeu o MAC durante 2012 - 2014. [33]Foram encontradas baixas concentrações de nitratos (< 0,5 mg/dm) na água pré-tratada, enquanto na água da torneira os nitratos estavam na faixa de (1,71±0,18) a (1,07±0,39) mg/dm , com tendência a diminuir 1,6 vezes. A eficiência do pré-tratamento da água para este indicador passou de 3,42 vezes em 2012 para 2,14 vezes em 2014 (Figura 23).

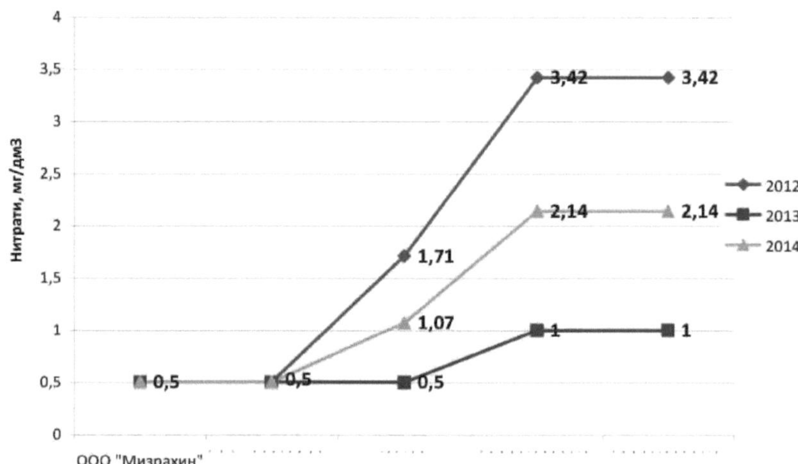

Figura 23. Caraterísticas comparativas da qualidade da água da torneira no distrito de Krivoy Rog e da água potável pré-tratada de diferentes fabricantes em termos de teor de nitratos.

O aumento da oxidação em todos os tipos de abastecimento de água potável chama a atenção (Quadro 19).

Quadro 19

[3]Caraterística comparativa dos indicadores de qualidade da água potável da torneira em 1 taxon rural (distrito de Krivoy Rog) e da água potável pré-tratada de diferentes empresas - produtores de acidificação, (mgO2/dm)

Anos	Água potável pré-tratada Mizrahin LLC	Água potável pré-tratada OOO Anisimov	Água potável da torneira em 1 táxon	Eficiência do pré-tratamento da água potável por Mizrahin LLC	Eficiência do tratamento adicional da água potável da Anisimov LLC
2012	1,62±0,01	1,27±0,20	5,57±0,08	3,44	4,38
2013	0,26±0,02	2,63±0,25	3,08±0,09	11,85	1,17
2014	3,70±0,10	3,77±0,02	4,04±0,83	1,09	1,07
p	p = 0,1991				

Nota. [2]1p - nível de significância da eficiência do pré-tratamento da água potável da torneira de diferentes empresas - fabricantes pelo critério de Pearson χ - Pearson.

Assim, na água pré-tratada do 1° produtor (LLC "Mizrakhin") a oxidabilidade excedeu o MPC 2,2 vezes em 2012 e 5,0 vezes em 2014. A água pré-tratada do segundo produtor (LLC "Anisimov") excedeu constantemente o valor regulamentado de acidez: 2,0 MAC - em 2012, 3,5 MAC - em 2013, 5,03 MAC - em 2014. A maior oxidabilidade foi registada na água da torneira do taxon 1: 7,4 MAC - em 2012, 4,1 MAC - em 2013, 5,4 MAC - em 2014 ($p = 0,199$). 2[3]De acordo com GOST 7525:2014 [50], a acidez não deve ser superior a 0,75 mgO /dm na água de abastecimento descentralizado de água potável. Ao mesmo tempo, a eficiência do pré-tratamento da água aumentou na água de 1 produtor: em 3,44, 11,8 e 1,09 vezes; enquanto na água pré-tratada por 2 produtores: em 4,38, 1,17 e 1,07 vezes.

Esta tendência deve-se provavelmente à entrada sistemática de substâncias orgânicas na fonte de abastecimento de água do taxon 1 - o reservatório de Karachunovskoye, cuja água é utilizada para o abastecimento de água potável deste taxon (distrito de Krivoy Rog), bem como simultaneamente utilizada por empresas especializadas para tratamento adicional (empresas - fabricantes LLC "Mizrakhin" e "Anisimov"), da água potável da torneira proveniente do sistema de abastecimento centralizado de água na zona de urbanização de Krivoy Rog, nomeadamente o reservatório de Karachunovskoye (Fig. 24).

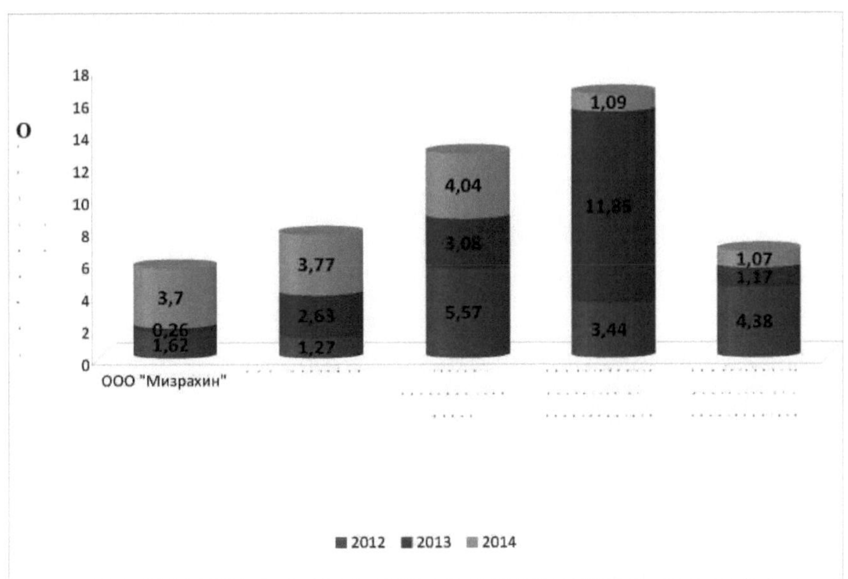

Figura 24. Caracterização comparativa da qualidade da água da torneira no distrito de Krivoy Rog e da água potável pré-tratada de diferentes fabricantes em termos de oxidação.

CONCLUSÃO

1. Até à data, o rio Ingulets e a barragem de Karachunovskoye têm sofrido uma poluição antropogénica intensa associada às actividades das empresas mineiras na cidade de Krivoy Rog. A deterioração da qualidade da água do rio Ingulets é um problema nacional. Existe o risco de acumulação de volumes significativos de água altamente mineralizada na albufeira de Karachunovskoye. A descarga a longo prazo de águas residuais de minas, pedreiras, de filtração e industriais insuficientemente tratadas no rio Ingulets conduz a uma diminuição dos processos de auto-purificação.

2. Além disso, as tecnologias desactualizadas de tratamento de água potável não desempenham uma função de barreira contra muitos poluentes das massas de água naturais, que correspondem principalmente à classe de qualidade 3, enquanto as instalações de abastecimento de água são concebidas para tratar eficazmente as águas de origem da classe de qualidade 1.

3. A melhoria apenas das tecnologias de tratamento de água em função das classes de água da fonte de água, sem assegurar o correto estado sanitário e técnico das redes de abastecimento de água, não pode contribuir para a obtenção de água potável de elevada qualidade garantida.

4. A estrutura da morbilidade na população adulta em diferentes taxa da região de Dnepropetrovsk difere consoante as classes de doenças. Assim, no taxon 1, o maior peso específico é mostrado para as doenças: classes X (27,9 %), IX (11,51 %), XIV (7,74 %), XIII (5,10 %) e XI (4,20 %); no taxon 2: Para as doenças das classes X (25,32 %), IX (13,9 %), XIV (8,19 %), XII (4,22 %), XIII (6,21 %) e IV (2,98 %); no taxon 3: para as doenças das classes X (28,97 %), IX (13,55 %), XII (5,90 %), XIV (5,88 %) e XIII (4,01 %); no taxon 4: Para doenças das classes X (26,17 %), IX (13,43 %), XIV (7,71 %), XIII (4,03 %) e XI (4,01 %); em 5 táxons: Para doenças de X (27,79 %), IX (12,17 %), XIV (7,15 %), XIII (5,09 %), classes XII (4,44 %); em 6 táxons: para doenças de X (22,86 %), IX (13,71 %), XIV (6,84 %), XIII (6,26 %) e classes XI (4,26 %).

5. Assim, na estrutura de todas as doenças da população adulta, foi estabelecido o padrão de maior incidência de doenças do sistema respiratório, do sistema circulatório, do sistema geniturinário, do sistema músculo-esquelético e dos órgãos digestivos em todos os taxa rurais da região de Dnipropetrovsk. O peso específico mais baixo é estabelecido para as doenças da classe XI (K80-K87), da classe XIV (N25-N29) e (N17-N19), bem como da classe XVII, incluindo as anomalias congénitas do sistema circulatório em todos os taxa da região.

6. Os resultados do nosso estudo mostram de forma convincente que o maior peso específico na

estrutura de todas as doenças entre a população adulta, em todos os 6 tipos de taxa na região de Dnepropetrovsk, causado por doenças dos sistemas respiratório, circulatório, digestivo, geniturinário e ósseo e muscular e outras classes de doenças, correlaciona-se com os dados da literatura [47, 48, 49]. Em particular, as doenças infecciosas e parasitárias, as doenças do sistema nervoso, do sangue e dos órgãos hematopoiéticos, incluindo anemias, neoplasias, bem como algumas formas nosológicas - artropatia salina, cálculos renais e ureteres, anomalias congénitas (malformações), incluindo do sistema circulatório, ocupam os últimos lugares na estrutura de todas as doenças entre os residentes rurais em todos os taxa da região para 2008-2013.

7. A avaliação comparativa dos indicadores de qualidade do abastecimento de água potável na água pré-tratada e na água da torneira mostrou semelhança em alguns indicadores, tais como: aumento da acidificação, presença constante de azoto amoniacal, que deve estar ausente de acordo com GOST 7525:2014 [50], semelhança da composição do sal (resíduo seco, teor de cloreto e sulfato, pH), no contexto de baixa concentração de TM (Cu, Zn, Mn), nitritos e nitratos, alumínio e flúor em alguns anos de observação em amostras de água potável pré-tratada de ambos os fabricantes.

8. Esta semelhança dos indicadores de qualidade da água da torneira e da água pré-tratada na zona de urbanização de Krivoy Rog deve-se provavelmente à utilização simultânea como fonte de abastecimento de água da barragem de Karachunovskoye, cuja água é utilizada tanto para o abastecimento de água potável de uma região (distrito de Krivoy Rog), como para o pré-tratamento da água por diferentes empresas - produtores na mesma zona de urbanização de Krivoy Rog.

9. Verificou-se que, entre os habitantes dos táxons rurais da região de Dnepropetrovsk, o maior número de fontes de abastecimento de água potável se encontra no táxon 1 (244 fontes de água, ou seja, 33,6 %), no táxon 6 (227, ou seja, 31,3 %) e no táxon 5 (107, ou seja, 14,7 %); enquanto o menor número se encontra no táxon 4 (94, ou seja, 13 %), no táxon 3 (33, ou seja, 4,5 %) e no táxon 2 (20, ou seja, 2,7 %). Ao mesmo tempo, o maior número de fontes descentralizadas de abastecimento de água potável encontra-se no taxon 1 - 235 (43,6%); o menor está no taxon 3: 5 (0,9 %). Entre as fontes de água centralizadas, o número mais elevado situa-se no taxon 6: 79 (42,2 %), o menor - no táxon 2: 20 (2,7 %). No conjunto dos 6 taxa da região de Dnepropetrovsk, o número total de fontes de abastecimento de água é de 725, entre as quais 187 - centralizadas, 538 - descentralizadas.

10. Verificou-se que parte dos residentes rurais da grande maioria dos taxa rurais no oblast de Dnepropetrovsk, que deveriam ser servidos por sistemas colectivos de abastecimento de água potável, não têm acesso a água potável de qualidade, uma vez que as taxas de cobertura em todos os taxa do oblast por sistemas colectivos de abastecimento de água estavam abaixo dos "Indicadores de Meta Nacional" recomendados [420] de (18,5 - 1,5 a (25,9 - 2,0) vezes: (50 - 70) % - aldeias, (90 - 100) %

- cidades e povoações [420] de (18,5 - 1,5) a (25,9 - 2,0) vezes: (50 - 70) % - em aldeias, (90 - 100) % - em cidades e povoações.

11. Os resultados da investigação realizada permitiram justificar cientificamente uma abordagem global para a melhoria do rio Ingulets e do reservatório de Karachunovskoye - as principais fontes de abastecimento centralizado de água à população rural da zona de urbanização de Krivoy Rog; formar um conjunto de medidas destinadas à necessidade de implementação prioritária do sistema de monitorização dos indicadores de saúde da população rural; delinear a necessidade primária de utilização de água potável pré-tratada em taxons rurais da região de Dnepropetrovsk, que não têm acesso a água potável nas zonas rurais da região de Dnepropetrovsk.

LISTA DE REFERÊNCIAS:

1. Serdyuk, A.M. 20 anos da Academia Nacional de Ciências Médicas da Ucrânia: resultados e um olhar para o futuro / A.M. Serdyuk // Journal of the National Academy of Medical Sciences of Ukraine. - Vol. 19. - № 2. -2013. -C. 134 - 138.
2. Prokopov, V.A. State and quality of drinking water of centralised water supply systems in modern conditions (view of the problem from the hygiene point of view) / V.A. Prokopov // Hygiene of populated places. - Edição 64. - K., 2014. - C. 56 - 67.
3. Ryzhenko S.A. Formas de fornecer à população da região de Dnepropetrovsk água potável de qualidade / S.A. Ryzhenko, K.P. Vainer // Actas da III Conferência Internacional Científica e Prática "Estilo de vida saudável: problemas e experiência". - 2013. - C. 315 - 319.
4. Mokienko, A.V. Justificação da investigação da influência do fator água na saúde da população (revisão da literatura) / A.V. Mokienko, L.I. Kovalchuk // Hygiene of populated places. - Edição 64. - K., 2014. - C. 67 -76.
5. Gozhenko A.I. Water and health: an attempt to assess the problem: a review of the literature / A.I. Gozhenko, A.V. Mokienko, N.F. Petrenko // Health of Ukraine. - 2006. - C. 6 - 12.
6. Okrugin, Yu.A. Influência dos indicadores microbiológicos e parasitológicos das águas residuais domésticas na qualidade da água de massas de água abertas / Yu.A. Okrugin, S.V. Kapranov, L.I. Kosenko // Ambiente circundante e saúde. - 2003. - № 4 (27). - C. 51 - 56.
7. Prokopov, V.A. Scientific and practical issues of providing the population of Ukraine with quality drinking water / V.A. Prokopov // Actas do XIV Congresso de Higienistas da Ucrânia "Ciência e prática higiénica no virar do século". - T. 1. - Dnepropetrovsk, 2004. - C. 109 - 111.
8. Avaliação do risco de efeitos não cancerígenos em órgãos e sistemas da população de cidades e zonas rurais de indústria única / V.M. Boev, D.A. Kryazhev, L.M. Tulina, A.A. Neplokhov, M.V. Boev // Actas do Plenário do Conselho Científico da Federação Russa sobre ecologia humana e higiene ambiental (11 - 12 de dezembro de 2014). - Moscovo: FGBU "Instituto de Investigação de Ecologia Humana e Higiene Ambiental com o nome de A.N. Sysin" do Ministério da Saúde da Rússia, 2014. -C. 55 - 57.
9. Onishchenko G.G. On sanitary and epidemiological state of the environment / G.G. Onishchenko // Hygiene and sanitation. - 2013. - № 2. -C. 4 - 10.
10. Mudry I.V. Heavy metals in the environment and their effect on the organism / I.V. Mudry, T.K. Korolenko // Doctor's case. - 2002. -№ 5. -C. 6 -9.

11. Rukavichka, A.N. Organização da monitorização ecológica e higiénica da acumulação de metais pesados no sistema "solo - produção vegetal" no território do distrito de Dubrovitsky da região de Rivne / A.N. Rukavichka, I.V. Gushchuk // Hygiene of inhabited places. - Edição 62. -K., 2013. -C. 100 - 106.

12. vigilância de surtos de doenças transmitidas pela água / Boubetra L., Le Nestour F., Allaert C., Feinberg M. // Appl. Environ. Environ. Microbiol. - maio de 2011. -№ 77 (10). -P. 3360 - 3367.

13. Vulnerabilidade dos poços de água potável / Parker A.A., Stivenson R.A., Raily P.L., Ombeki S.A., Komolleh C.L.. // Epidemiol. Infect. - outubro de 2006. - № 134 (5). -P. 1029 - 1036.

14. Estado da contaminação das águas subterrâneas nos EUA / Mausezahl D., Teller F., Iriarte M. // Clinical Microbiol. - julho de 2010. -№ 23 (3). -P. 507 - 528.

15. Qualidade da água para o gado / Hattendorf J.L., Cattaneo M.D., Arnold V.F., Smith T.J. // Water Resources. - novembro de 2010. -№ 49 (1). - P. 9 - 15.

16. Factores de risco que contribuem para a contaminação microbiológica da água potável / Gueler F.M., Heiringhoff K.H., Engeli S.P., Heusser K.L.. // Environ. Health Perspectives. - outubro de 2012. - № 6 (8). - P. 823 - 935.

17. Manual de higiene social e organização de cuidados de saúde em 2 volumes. T. 1 / Y. P. Lisitsyn, E. N. Shigan, I. S. Sluchanko [et al]. Editado por Y. P. Lisitsyn. -M.: Medicina, 1987. - 432 c.

18. Avaliação prognóstica dos indicadores de morbilidade da população que vive na zona de influência da central nuclear de Khmelnitsky / N. S. Polka, V. M. Dotsenko, A. I. Kostenko, I. V. Kakura // Actas da XIX Conferência e Feira Internacional Científica e Prática. Volume II. "Kazantip-EKO-2011", (6-10 de junho de 2011, AR Crimeia, Cabo Kazantip, Shchelkino). - Kharkiv: UkrGSTC "Energostal", 2011. -C. 7-13.

19. Recomendações metodológicas "Avaliação dos riscos para a saúde pública decorrentes da poluição atmosférica" MR 2.2.12-142-2007. - Em vigor desde 13.04.2007. - Kiev: Ministério da Saúde da Ucrânia, 2007. - 39 c.

20. Chernichenko I. A. Bases científicas do racionamento higiénico de carcinogéneos químicos na ingestão complexa e combinada no organismo: autoref. diss. doctor of medical sciences: spets. 14.02.01 "Higiene" / I. A. Chernichenko. - Kiev, 1992. -44 c.

21. Trakhtenberg I. M. Heavy metals as chemical pollutants of production and environment. Aspectos ecológicos e higiénicos / I. M. Trakhtenberg. - Minsk: Ciência e Tecnologia, 1994. - 285 c.

22. Metais pesados no ambiente e o seu efeito no organismo (revisão) / R. S. Gildenskiold, Y. V. Novikov, R. S. Khamidulin et al. // Hygiene and sanitation. - 1992. - № 5-6. - C. 6-9.

23. Yanysheva N. Ya. Hygienic problems of environmental protection from pollution by carcinogens / N. Ya. Yanysheva, I. S. Kireeva, I. A. Chernichenko et al. - Kiev: Zdorovye, 1985. - 102 c.

24. Persheguba Ya. V. Comparative assessment of carcinogenic risk of food and urban atmospheric air / J. V. Persheguba // Actas da XIX Conferência e Exposição-Feira Internacional Científica e Prática. Volume II. "Kazantip-EKO-2011", (6-10 de junho de 2011, AR Crimeia, Cabo Kazantip, Shchelkino). - Kharkov: UkrGSTC "Energostal", 2011. - C. 19-23.

25. Avaliação higiénica dos recursos hídricos / V. L. Savina, S. V. Vitrischak, A. E. Akberov, V. V. Zhdanov // Actas da XIX Conferência Internacional Científica e Prática e Feira de Exposições. Volume III. "Kazantip-EKO-2011", (6-10 de junho de 2011, AR Crimeia, Cabo Kazantip, Shchelkino). - Kharkov: UkrGSTC "Energostal", 2011. -C. 303-305.

26. Projeto "Região de Dnipropetrovsk. Plano de ordenamento do território". Nota explicativa. T. I, II / Instituto Estatal Ucraniano de Investigação em Planeamento Urbano "Dnepropetrovsk". - Kiev. - 2009.

27. SanPiN n.º 4630-88 Regras e normas sanitárias para a proteção das águas superficiais contra a poluição.

28. GOST 4808:2007 Fontes de abastecimento centralizado de água potável. Requisitos higiénicos e ambientais para a qualidade da água e regras de amostragem. - Kiev, 2012. - 27 c.

29. Requisitos higiénicos para a água potável destinada ao consumo humano: normas e regras sanitárias do Estado GSanPiN 2.2.4-171-10; aprovado pelo Despacho do Ministério da Saúde de 12.05.2010, № 40. - Modo de acesso: http://normativ.ua/types/tdoc19074.php.

30. Indicadores de saúde da população da região de Dnipropetrovsk em 2008-2013. - Dnipropetrovsk: Departamento principal cuidados de saúde da administração estatal regional. Centro Regional de Estatísticas Médicas de Dnipropetrovsk, 2014. - 286 c.

31. CID X: Classificação Estatística Internacional de Doenças e Problemas Relacionados com a Saúde. - 10ª revisão. - Genebra: OMS, 1995. -T. 1, Ч. 1. - 698 p., Cap. 2. -633 p., Cap. 2. -172 p.

32. Borovikov V. STATISTICA: A arte da análise de dados no computador. Para profissionais / V. Borovikov. - São Petersburgo, 2001. - 656 c.

33. Lapach S. N. Statistical methods in biomedical research using Excel / Lapach S. N., Chubenko A.. N., Chubenko A. V. V., Babich P. N.-K.: Morion, 2001. -408 c.

34. Estado da poluição ambiental no território da Ucrânia http://www.cgo.kiev.ua/index.pdf

35. Situação do abastecimento descentralizado de água potável

e económica

Prokopov V.A., Kuzminets A.N., Sobol V.A. // Higiene dos locais habitados. - 2008. - Edição 51. - C. 63-68.

36. Ryzhenko, S.A. Trihalomethanes in drinking tap water / S.A. Ryzhenko // Preventive medicine. - 2009. - № 4. - C. 2021.

37. Koshelnik, M.A. Technogenic load on water bodies: consequences for public health / M.A. Koshelnik // Preventive Medicine. - 2009. -№ 4. - C. 28-31.

38. Qualidade da água do abastecimento centralizado de água na Ucrânia em indicadores sanitário-microbiológicos e morbilidade infecciosa associada / Korchak G.I., Surmacheva A.V., Nekrasova L.S. et al. // Ambiente e Saúde. - 2012. - № 4. - C. 39-41.

39. Da experiência do gossannadzor sobre a qualidade da água potável embalada / Larchenko, V.I.; Ovchinnikova, V.A.; Zaitsev, V.V.; Ostapchuk, E.A.; Zadvornaya, V.V. // Ambiente e saúde. - 2008. - № 1 (44). - C. 43-44.

40. Programa Nacional de Melhoria Ecológica da Bacia do Dnieper e Melhoria da Qualidade da Água Potável. Resolução da Verkhovna Rada da Ucrânia de 27 de fevereiro de 1997.

41. A água como fonte de doenças infecciosas / Nikolenko P. P. P., Beloivanenko V. I., Kuleshov N. I. // Med. Vesti. - 1997. - № 3. - C. 14-16.

42. Influência dos indicadores microbiológicos e parasitológicos das águas residuais domésticas na qualidade da água das massas de água abertas / Okrugin Y. A., Kapranov S. V., Kosenko L. I. and others // Environment and Health. V., Kosenko L. I. e outros // Ambiente e Saúde. - 2003. - № 4 (27). - C. 51-56.

43. Alekseenko, N.N. Ecological assessment of water quality condition of the Kremenchug reservoir / N.N. Alekseenko // Environment and Health. - 2004. - № 2 (29). - C. 30-35.

44. Palchitsky A. M. Kakhovka Reservoir: Current State and Possible Ecological and Sanitary Prognosis (Reservatório de Kakhovka: Estado atual e possível prognóstico ecológico e sanitário). A.M. Palchitsky // Higiene e saneamento. - 1991. -№ 10. -C. 21-25.

45. Ryzhenko S.A. Separate aspects of the state of the environment of the technogenic region and approaches in the organisation of the work of the state epidemiological service of the Dnepropetrovsk region / S.A. Ryzhenko // Environment and Health. - 2004. - № 2 (29). - C. 48-53.

46. Hryhorenko LV. Qualidade da água potável no reservatório de Karachunyvskyi / L.V. Hryhorenko // Jornal Austríaco de Ciências Técnicas e Naturais. - 2014 (28 de fevereiro). -№1.

-C.40 -45.

47. Abordagens científicas e metodológicas para o cálculo das perdas médicas, demográficas e económicas reais e prevenidas associadas ao impacto negativo dos factores ambientais / N. V. Zaitseva, I. V. May, D. A. Kiryanov // Actas do Plenário do Conselho Científico de Ecologia Humana e Saúde Ambiental (11 - 12 de dezembro de 2014). - M.: FGBU "Instituto de Pesquisa de Ecologia e Higiene com o nome de A. N. Sysin do Ministério da Saúde da Federação Russa". - C. 85 - 103.

48. Relação de doenças crônicas não infecciosas com o estado do meio ambiente / Yu.A. Rakhmanin, A.A. Stehin, G.V. Yakovleva, V.V. Ryabikov // Anais do Plenário do Conselho Científico de Ecologia Humana e Saúde Ambiental (11 de dezembro - dezembro de 2014). Ryabikov // Actas do Plenário do Conselho Científico de Ecologia Humana e Higiene Ambiental (11 - 12 de dezembro de 2014). - M.: FGBU "Instituto de Pesquisa de Ecologia e Higiene com o nome de A.N. Sysin do Ministério da Saúde da Federação Russa". - C. 78 - 93.

49. Problemas analíticos no estudo do efeito complexo de factores ambientais na saúde pública / A. G. Malysheva, E. G. Rastiannikov, N. Yu. Kozlova // Actas do Plenário do Conselho Científico de Ecologia Humana e Higiene Ambiental (11 - 12 de dezembro de 2014). - Moscovo: FGBU "Instituto de Investigação de Ecologia e Higiene com o nome de A. N. Sysin do Ministério da Saúde da Federação Russa". - C. 118 - 140.

50. Água potável. Requisitos e métodos de controlo da qualidade. GOST 7525:2014. - Kiev: Ministério do Desenvolvimento Económico da Ucrânia, 2014. - 25 c.

Grigorenko Lyubov Viktorovna, candidata a Ciências Médicas, Professora Associada do Departamento de Higiene e Ecologia da "Academia Médica de Dnipropetrovsk do MHI". Segunda formação superior na direção da formação 6.020303 "Especialista em Filologia. Tradutor de língua inglesa". Realiza aulas práticas e consultas, dá palestras sobre o tema: "Higiene geral e ecologia" para estudantes estrangeiros de língua inglesa e estudantes de faculdades de medicina de VI cursos na especialidade: "Medicina". Autor de 130 publicações: 79 de carácter científico e 51 de carácter pedagógico e metodológico, incluindo 17 em publicações fakh. Após a defesa da tese de doutoramento, publicou 102 artigos científicos: 59 - em revistas científicas e 43 de carácter didático-metodológico, incluindo 14 trabalhos em publicações fakh, 10 - artigos estrangeiros, 4 - em revistas internacionais de carácter científico-cométrico; 10 materiais didácticos para estudantes de língua inglesa; 6 certificados de autor.

Membro da Federação da Equipa Nacional de Cientistas do Projeto Internacional IASHE (em Londres). Por três vezes, foi galardoada com uma medalha de bronze para a melhor publicação em inglês como vencedora das I, II e III fases dos concursos no ramo de "Medicina e Farmácia, Biologia, Medicina Veterinária e Agricultura", secção: "Higiene".

Printed by Books on Demand GmbH, Norderstedt / Germany